HUMAN FACTORS
IN AIRCRAFT
MAINTENANCE

항공인적요인

오이석, 김성철, 홍성록 지음

 (주)도서출판 성안당

■ 도서 A/S 안내

성안당에서 발행하는 모든 도서는 저자와 출판사, 그리고 독자가 함께 만들어 나갑니다.

좋은 책을 펴내기 위해 많은 노력을 기울이고 있습니다. 혹시라도 내용상의 오류나 오탈자 등이 발견되면 "좋은 책은 나라의 보배"로서 우리 모두가 함께 만들어 간다는 마음으로 연락주시기 바랍니다. 수정 보완하여 더 나은 책이 되도록 최선을 다하겠습니다.

성안당은 늘 독자 여러분들의 소중한 의견을 기다리고 있습니다. 좋은 의견을 보내주시는 분께는 성안당 쇼핑몰의 포인트(3,000포인트)를 적립해 드립니다.

잘못 만들어진 책이나 부록 등이 파손된 경우에는 교환해 드립니다.

저자 문의 e-mail : bo105sip@naver.com(오이석) / sckim0227@hanmail.net(김성철)

본서 기획자 e-mail : coh@cyber.co.kr(최옥현)

홈페이지 : http://www.cyber.co.kr   전화 : 031) 950-6300

항공분야에서 인적요인에 대한 검토는 1970년대부터 항공기 운항에서의 인적 실수에 의한 사고를 줄이기 위한 목적으로 ICAO 및 FAA 등에서 적극적으로 추진되어 왔다. 그리고 이런 움직임은 운항뿐만 아니라 항공기 정비작업 및 객실업무로 검토 대상이 확대되었다. 특히, 1989년 발생한 항공기 정비작업에 기인한 사고를 계기로 전 세계적으로 항공기 정비작업에 있어서의 인적요인의 중요성이 인식되어 ICAO에서는 1998년 Annex 1(Personnel Licensing) 및 Annex 6(Operation of Aircraft)를 개정, 항공정비사에 대한 인적요인에 관한 지식요건 및 교육·훈련의 요건이 도입되기에 이르렀다.

인적요인의 중요성을 인식할 필요가 커짐에 따라 항공기 정비와 관련된 학문을 배우는 학생은 항공정비에 있어 인적요인에 대한 기초적인 지식과 사례를 학습함으로써 미래의 항공종사자가 지녀야 할 덕목을 갖추고 성장해야 함은 당연한 이치이다.

이 책은 항공기 정비작업에 있어서 인적요인의 중요성·개념 등 기초적인 사항을 설명하고, 실제 항공기 사고 사례를 통해서 보다 현실적으로 인식할 수 있도록 구성하였다. 또한, 추가적으로 인적요인 분석 및 분류 시스템(HFACS), 항공기 정비오류 판별기법(MEDA), 교육·훈련 프로그램(MRM, CRM)을 부록으로 첨부하여 보다 현장감을 높이고자 하였다.

항공기 정비에 있어 인적요인의 이해와 실천은 모든 항공정비사가 충분히 인식해야 할 필요가 있다. 인간의 생명과 직결된 문제인 항공안전은 아무리 강조해도 지나치지 않다. 미흡하지만 이 책이 현장의 항공정비사, 미래의 항공정비사를 꿈꾸는 학생들에게 충분히 활용되고 길잡이가 되어 항공기 안전성 확보에 일익을 담당하는 데 도움이 되기를 소망한다.

2021. 12.
저자 씀

Chapter 03   항공안전과 환경적 요인 · 49

Chapter 04   의사소통과 팀워크 · 89

Chapter 05　　　　　　　　　　　　　　**조직관리와 리더십 · 105**

Appendix

1. 안전공학의 정의

안전(安全, safety)이란 "인지된 유해 위험요인(hazard)을 허용 가능한 위험(risk) 수준 이하로 관리하고 있는 상태"로 정의할 수 있으며, 사고(event), 질병(illness), 재산상 손실(loss)이 발생하지 않도록 하는 방어를 의미한다.

이러한 안전에 대해 공학적으로 접목시킨 학문의 한 분야로서 안전공학(安全工學, safety engineering)은 현대 사회에서 발생할 수 있는 각종 사고의 원인과 과정을 공학적으로 분석하고, 이러한 사고로 인해 생기는 신체적·경제적·사회적 손실의 예방대책을 연구하는 학문 분야라고 할 수 있다. 즉, 사고를 방지할 수 있는 대책을 마련하고, 뿐만 아니라 사고를 미연에 방지하는 것을 주목적으로 하는 것이다. 그리고 이러한 안전공학은 인간공학과도 밀접한 연관성을 가지고 있다.

한편, 안전공학의 역할은 다음 3단계로 설명할 수 있다.
① 구조적으로 사고가 나지 않게 하는 사고의 예방
② 사고 발생 시 피해를 줄이기 위한 안전장치나 시설, 대응방안 등의 연구
③ 사고의 원인 분석을 통한 유사사례의 재발 방지

사고의 방지는 모든 산업현장에서 절대적으로 필요한 요건이며, 이것이 지켜지지 않는다면 신체적·경제적·사회적 손실이 발생하며, 그에 따라 정신적·심리적 타격까지 이어질 가능성이 크다. 이에 하인리히(H. W. Heinrich)는 '도미노 연쇄(domino sequence)'이론의 4단계 과정을 들어 사고발생에 대한 요인을 제시했다.

① 산업재해는 사고로부터 유발

② 사고는 인간의 불안전한 행위와 불안전한 기계 상태에 의하여 항상 유발

③ 불안전한 행위와 상태는 인간의 실수에 의해서 유발

④ 인간의 실수는 환경에서 유발되거나 유전성에 의해서 발생

도미노 연쇄의 4단계 과정과 같이 사고에 대한 분석을 진행해 보면 사고 유발의 원인은 인간의 실수 및 환경의 문제라고 볼 수 있다. 따라서 사고를 방지하기 위해서는 원인이 되는 인간의 행동과 환경의 관리와 같은 직접적인 문제 해결은 물론이고, 이를 예방할 수 있는 교육과 훈련까지도 동반 수행되어야 한다.

안전공학적인 측면에서 사고를 방지하기 위한 원리는 '안전 조직 → 안전 조사 → 안전 분석 → 개선책의 선택 → 개선책의 적용'과 같은 5단계로 구분할 수 있다.

① 안전 조직 : 사고 방지를 위하여 첫째, 계획적·체계적인 안전대책이 조직되어야 한다. 이것은 기업의 기능적인 측면으로 구성될 수 있다.

② 안전 조사 : 사고 원인의 조사와 개선책에 대한 조사는 안전 조직이 수행하여야 될 가장 중요한 과정이다. 이것은 관찰·검사·조사에 의하여 행해지며, 경험과 문의에 의해 더욱 효과적으로 수행이 가능하다.

③ 안전 분석 : 이것은 사고의 주 원인과 사고의 종류를 확인하는 과정이다. 예를 들면 인명 피해가 발생하였을 경우 피해의 종류, 그 당시의 작업, 사용하고 있던 설비의 종류 그리고 책임의 소재 또는 이 사고로 인하여 영향을 받은 작업자 등이다.

④ 개선책의 선택 : 사고에 대한 제반 사실이 규명되고 개선이 필요할 경우, 효과적인 개선책의 선택안을 제시한다.

⑤ 개선책의 적용 : 위의 4단계가 이루어진 경우, 계속해서 또는 영구히 이와 같은 개선책을 적용한다. 경영진은 실제 적용에 대하여 책임을 지고 감독한다.

2. 안전관리의 정의

안전관리(安全管理)란 기업의 경영활동 과정에서 나타날 수 있는 재해로부터 손실을 최소화하기 위한 경영관리의 한 분야로서 재해의 원인 파악, 재해 예방대책 추진 등 계획적이고 체계적인 관리활동이라고 정의할 수 있다.

[그림 1]을 보면 우발적으로 발생하는 현상은 사고이고, 의도적으로 발생시키는 현상은 사건

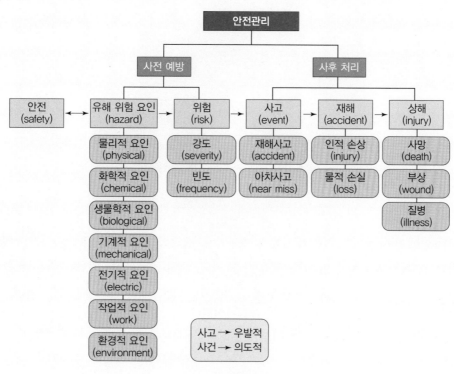

[그림 1] 안전관리 개요도

이다. 안전관리는 사전 예방과 사후 처리로 구분할 수 있는데, 사전 예방은 위험이 되는 유해한 다양한 요인을 제어함으로써 사고를 미연에 예방할 수 있으며, 위험인자의 강도 및 빈도를 파악하고 미리 계획하여 방지할 수 있다. 사후 처리는 사고·재해·상해 등으로 구분된다. 사고에는 재해사고와 상해·질병, 피해는 발생하지 않았지만 잠재적으로 발생 가능한 잠재성 재해사고인 아차사고가 있다. 아차사고는 주로 항공 및 의학 분야에서 많이 발생되고 있다. 재해에는 신체적인 손실을 가져오는 인적 손상과 경제적인 손실을 가져오는 물적 손실이 있으며, 상해에는 사망·부상(중상과 경상)·질병 등이 있다.

　이러한 안전관리의 목적은 재해를 사전에 통제하는 데 있다. 안전관리를 실시하는 이유는 인도주의의 실현, 사회복지의 증진, 생산성의 향상, 경제성의 향상 등을 들 수 있다. 여기서 안전사고란 고의성이 없는 어떤 불안전한 행동이나 조건이 선행되어 일을 저해하거나 능률을 저하시키며, 직간접적으로 인명이나 재산의 손실을 야기할 수 있는 사건을 말한다.

　또한, 재해의 경우에는 직접적인 원인이 98%, 간접적인 원인이 2%로 분석되고 있다. 2%의 간접적인 원인은 천재지변에 의한 것이며, 직접적인 원인 98% 중에서 인적요인에 의한 불안전한 행동에 기인하는 원인이 88%, 물적 요인에 의한 불안전한 상태에 기인하는 원인이 10%로 분석되었다. 직접적인 원인은 인위적인 사고에 의한 재해가 대다수를 차지하고 있는데, 이러

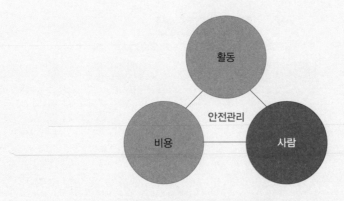

[그림 2] 안전관리의 3요소

한 인적요인에 의한 재해는 예방이 가능한 재해이다. 직접적인 원인이 되는 불안전한 행동에는 위험장소에 접근, 보호장구 미착용, 기계 사용 미숙, 불안전한 조작, 위험물 취급 부주의, 불안전한 자세, 불안전한 상태 방치, 감독 및 의사소통의 불충분 등이 있다. 이러한 불안전한 행동은 생리적·심리적·교육적·환경적 요인에 기인한다. 그리고 불안전한 상태에는 안전장치의 결함, 보호장구의 결함, 작업장 및 작업환경의 결함, 생산공정의 결함, 기계 및 설비의 결함 등이 있다.

[그림 2]에는 안전관리에 필요한 3가지 요소를 나타냈다. 안전관리와 관계된 활동에는 점검·조치·교육 등이 있으며, 비용적인 측면에서는 안전관리비가 있다. 이 중에서 가장 중요한 요소가 사람에 의한 인적요소인데, 이는 개인뿐만 아니라 조직까지도 포함된다. 개인과 조직, 두 측면에서 볼 때 안전관리와 관계된 인적요소에 포함되는 사람은 안전보건관리책임자·관리감독자·안전관리자·안전관리대행기관·보건관리자·산업보건의·안전보건총괄책임자 등이 있다.

3. 인간공학의 개념

인간공학(人間工學, human factors or ergonomics)이란 인간의 신체적 혹은 인지적 특성을 고려하여 인간이 사용하는 사물에서부터 환경 및 시스템 등을 과학적인 방법으로 보다 편의성을 추구하는 응용학문의 한 분야라고 할 수 있다. 산업공학에 뿌리를 둔 인간공학은 신체운동학·인지심리학·뇌과학·인지과학·사회심리학 등의 학문과 깊은 관계가 있으며, 학문 간 융합적인 연구가 활발하게 이루어지고 있다. 인간공학을 나타내는 영문 중 'Human Factor'는 인지적 인간공학을, 'Ergonomics'는 신체적 인간공학을 뜻하기도 한다. 이러한 인간공학은 인간 생활의 편의성을 추구하는 학문으로서 단순히 편리함의 목적뿐만 아니라 인간과 밀접한 관계가 있는

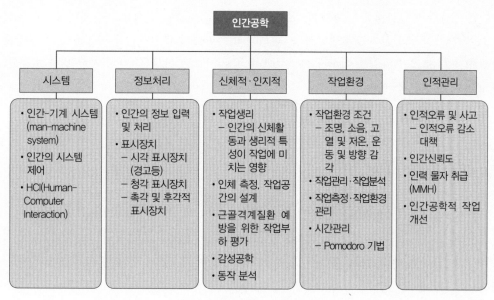

[그림 3] 인간공학의 여러 분야

사고·상해·장애 등의 발생을 감소시키는 부분도 고려해야 한다.

　[그림 3]에 따르면 인간공학에는 여러 분야가 존재한다. 시스템적인 측면에서는 인간이 기계나 시스템을 다루고 인간과 기계 간의 관계에 대해 연구하는 분야이다. 정보처리 분야에서는 인간이 정보를 취득하고 어떻게 처리해야 하는지의 인지적·심리학적·뇌과학적 분야를 모두 포함하고 있다. 신체적·인지적 분야에서는 정보처리 이외에 모든 신체운동학적인 측면부터 인간의 감성까지 포괄하는 분야이다. 환경적인 측면에서는 인간공학이 산업공학에 근간을 두고 있기에 작업환경과 관련된 모든 요인은 물론이고 시간관리적인 측면까지 포함된다. 인적관리 분야에는 인간에 의해 발생할 수 있는 오류, 인간의 신뢰성과 인적 자원 활용 등이 포함되며, 오늘날 다양한 산업에서 활발하게 연구되고 있는 분야이다.

　인간공학은 1940년대부터 하나의 학문으로 인식되었으며, 시간이 지남에 따라 추구하는 가치와 철학이 변화되었다. 초창기에는 기계에 초점을 맞추어 기계에 맞는 사람을 선발하고 훈련하여 현장에서 활동하게 했는데, 과학의 발달과 함께 이러한 분위기는 인간 중심으로 바뀌어 인간에게 알맞은 기계를 개발하기에 이르렀다. 그러나 인간과 기계 어느 한쪽에만 초점을 맞추게 되면 효율이 떨어질 수밖에 없기에 인간과 기계 모두에 적절히 초점을 맞추어 통합적인 시스템으로 발전하게 되었다. 현대에는 이러한 통합적인 시스템은 물론이고 전반적인 환경과 인간의 가치 기준까지 포함하는 단계까지 발전하게 되었다.

　인간공학은 현대 사회에서 꼭 필요한 학문이라고 할 수 있다. 과학 및 공학의 발달로 날로 우수한 제품과 작업환경을 구축할 수 있게 되었지만, 처음부터 인적요소를 체계적으로 고려하지 않는다면 인간의 실수를 유발하거나, 편의성의 측면에서 불편하거나, 심리적으로 불만족스러운 요소가 생겨서 사고로 이어질 가능성이 매우 높기 때문이다. 이는 심각한 재산 피해와 인명 피해로 직결될 수 있고, 이를 복구하기 위해서는 엄청난 시간과 비용이 필요하게 되므로 모든 분야의 산업에서 인간공학의 필요성은 날로 더해 가고 있다.

4. 인적요인의 태동

안전공학·안전관리·인간공학 등 산업공학에 근간을 둔 학문에서 공통적으로 거론되는 분야가 바로 인적요인이다. 기업의 경영과 운영에 인간에 관한 고찰과 안전에 대한 분야를 적용하여 도입할 경우, 모든 면에서 보다 효율적으로 운영이 가능하고 더불어 사고 방지에도 도움이 될 수 있기 때문이다.

인적요인을 산업에 적용할 경우, 산업재해의 감소에 크게 도움이 된다. 또한, IT공학의 발전으로 컴퓨터와 전자제품의 보급, 전산화 등에서도 인적요인을 고려하여 사용자의 편의성을 높이고 인간중심적인 제품, 시스템, 환경 구축 등 다방면에서 유용하게 활용될 수 있다.

인적오류(human error) 혹은 인간 신뢰성(human reliability)은 인간이 불완전한 존재이기 때문에 생기는 다양한 심리적·육체적·생리적·환경적 요인이 복합되어 생기는 오류이다. 그러나 불완전한 존재인 인간은 일반적으로 개인적인 측면에서 볼 때 자신이 결함의 원인이라는 것을 부정하며, 오류의 원인을 다른 곳에서 찾으려고 하는 경향이 있다.

따라서 이러한 인적오류에 대해 거부감을 가지기보다는 이를 인정하고 원인을 파악, 오류를 줄이기 위하여 인적요인을 학문적으로 연구·발전시키는 것이 매우 중요하다. 그리고 이러한 연구는 고도의 정밀도와 완성도를 요구하는 항공산업에서 선도적으로 이루어졌으며, 현재도 지속적으로 발전하고 있다.

CHAPTER

01

인적요인

Human Factors in Aircraft Maintenance

1. 인적요인의 개요

2. 항공기 사고와 인적요인

1 인적요인의 개요

일반적으로 인간은 기계와 다르게 무한한 적응성을 가지고 있다고 생각된다. 그러나 인간의 특성과 능력은 이러한 생각 이상으로 훨씬 복잡하고 주변의 여러 가지 상황의 영향을 받고 변하기 쉽다.

최근 들어 원자력산업, 항공우주 개발, 항공운송산업, 화학산업, 의학계 등 보다 안전성이 요구되는 시스템에서 발생하는 여러 가지 문제점과 관련, 휴먼 팩터(human factor)에 대한 관심이 상당히 높아지고 있다. 특히, 항공분야의 관점에서 휴먼 팩터의 궁극적 목적은 항공사고의 방지로서 기계 및 시스템과 인간의 특성을 조화시켜 그 기능을 유효하게 발휘시키는 데 있다. 이에 따라 휴먼 팩터 분야의 지경을 넓혀 다양한 연구가 시행되고 있다.

1) 인적요인의 정의

휴먼 팩터(human factor)의 정의는 사람에 따라 다양하게 표현된다. 그러나 휴먼 팩터의 핵심은 인간이 발휘하는 능력이 주변 상황에 의해 큰 영향을 받을 수 있다는 관점과 함께 그것을 인간의 활동에 유효하게 반영시킬 수 있는 수단이라고 말할 수도 있다. 즉, 여기서 말하는 휴먼 팩터는 간단하게 '인적요인'뿐만이 아닌 인간의 능력을 효과적으로 발휘할 수 있는 수단을 광범위하게 표현한 것이다. 즉, 휴먼 팩터를 직역하여 인적요인이라고 말하는 것에 그치지 않고 인적요인은 광범위한 휴먼 팩터의 대표적인 분야인 것이다.

2) 인적요인의 중요성

과학기술의 발달에 따라서 항공기의 이용이 일상생활의 일부가 된 반세기 동안에 전 세계에서 항공기 사고의 발생률은 초기에는 급속히 저하되는 경향이었으나 시간이 지남에 따라 감소 폭이 점차 둔화되기 시작했으며, 최근에 이르러서는 특정 수준에 멈춰 있다. 거꾸로 말하면 세계 경제의 발전과 함께 항공기의 대수, 운항 횟수의 급격한 증가에 따라 사고 발생률은 현재의 수준을 유지하지만 실제 항공기 사고 건수는 대폭 증가할 가능성을 내포하고 있다는 것이다[그림 1-1].

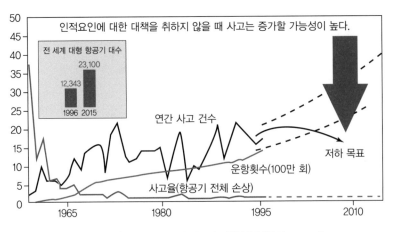

[그림 1-1] 전 세계 항공기 사고의 경향 분석 [출처: Boeing]

　현재 우리가 살고 있는 시대는 다양한 기술이 크게 발전하고 있지만, 인간의 특성과 기본적인 능력은 그만큼의 변화는 없다. 이것은 항공산업에서도 동일하게 적용된다. 항공기 설계기술의 발달과 새로운 기술이 끊임없이 나오고 있는 현실에 따라 복잡한 정비작업도 보다 용이해지고, 정확성도 높아지게 되었다. 또한, 항공기술의 발달에 따라 항공정비사가 작업을 할 때에도 고도의 기량이 요구되거나 또는 작업의 양이나 작업부하가 크게 줄어드는 등의 발전도 함께 동반되었다. 즉, 이것은 항공기술의 발달과 항공정비사의 기본적인 역량과는 밀접한 관계가 있는 것이 아니라는 것이다. 따라서 기술적인 발전은 거듭되어 기계적인 결함은 감소되는 것이 명확하지만, 인간의 특성과 기본적인 능력은 큰 변화가 없어 인적요인에서 실수를 최소화하는 것이 필요하므로 인적요인이 더욱 중요시되고 있는 것이다.

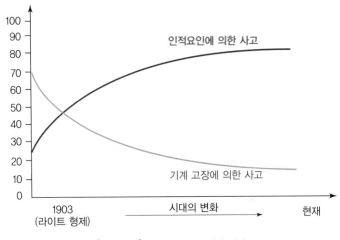

[그림 1-2] 항공기 사고 원인의 변화

항공기 사고의 원인을 기계 고장에 의한 사고, 인적오류에 의한 사고로 나눠서 비교해 보면 시대에 따라 사고 원인의 비율이 변화하는 추세임을 확인할 수 있다[그림 1-2]. 즉, 기술의 발전에 따라 항공기 사고의 원인 중에 기계 고장에 의한 사고의 비율은 점차 감소하는 경향을 보이지만, 인적오류에 의한 사고의 비율은 점점 증가하는 것을 확인할 수 있다.

이에 따라 항공기의 안전성을 향상시키기 위해서는 항공기 시스템을 구성하는 대표적인 요소인 인간에 의한 오류를 감소시키는 것이 중요하게 되었다. 그 방지책의 일환으로 국제민간항공기구(ICAO: International Civil Aviation Organization)에서는 《*Accident Prevention Manual*》을 제작하는 등 인간에 의한 오류를 감소시키는 데 다각도로 노력을 기울이고 있다. 다시 말해, 인간의 특성과 한계를 잘 이해하고 항공정비사를 둘러싼 다양한 환경에 대해서 인적요인을 고려한 적절한 배려가 필요하다는 것이 보다 중요한 것임을 알 수 있다.

3) 인적요인의 역사

휴먼 팩터(human factor)에 대한 인식은 제2차 세계대전 중 유럽 및 미국의 군용 항공기 설계로부터 시작되었다고 알려져 있다. 그것은 항공기를 설계할 때 인간의 특성과 능력을 충분히 고려함으로써 항공기 조종과 전투 능력의 향상을 가져왔다는 인식이었다. 즉, 인적요인이 전쟁에서 작전의 성패에 큰 영향을 주었다고 인식하였던 것이다. 그러한 인적요인에 대한 인식은 전쟁이 끝난 후 인간공학적인 관점에서 상업용 항공기의 설계에서부터 항공기가 우리 생활의 일부가 될 수 있도록 하는 데 크게 기여하였다. 그러나 인적요인이 인간의 특성만 바라보는 관점뿐만이 아닌 항공기 사고를 감소시키는 주요 목적으로 강하게 인식된 것은 비교적 최근에 이르러서이다.

휴먼 팩터라고 하는 단어 자체도 실제로는 다양하게 정의되고 있다. 항공업계에서도 시대에 따라 또는 사람에 따라 다양하게 사용되어 왔다. 그러나 최근에 이르러서는 간단하게 인적요인이라고 하는 의미에서 보다 확대되어 인간이 발휘하는 능력이 주위 상황에 의해 크게 영향을 받을 수 있는 것으로 보고, 그것이 인간의 활동에 유효하게 반영시키는 수단이라고 하는 개념으로 인식되고 있다. 또한, 고도로 발전한 항공분야에서도 아직 상당 부분은 인간에 의존하고 있기 때문에 항공기의 안전성을 향상시키기 위해서는 그에 관여하는 인간의 특성을 보다 잘 이해해야 하고, 항공기 정비와 관련된 시스템을 잘 정립하는 것이 더욱 중요하다는 것이다.

1987년 국제민간항공기구(ICAO)는 가맹국에 대해서 항공기의 설계·제조·운항·관제·정비·훈련 등에 대하여 '인간 능력과 한계'를 고려한 의정서를 의무적으로 결의하였다. 그리고 1990년부터 1999년까지 10년간 인적요인을 중점적으로 추진하는 계획을 세우고, 그에 관한 교육 및 홍보 활동을 함께 시행, 지도자료인 《Guidance Material》의 개발을 통해 ICAO 부속서의 개정 등을 실시했다. 항공기 정비분야에 관해서는 1998년에 제1부속서(Personnel Licensing) 및 제6부속서(Operation of Aircraft)를 개정하여 항공정비사의 자격요건, 정비 프로그램 및 정비훈련에 인적요인의 요건을 추가하였다. 또한, 이러한 노력이 보다 원활하게 실천되도록 《Human factors Training Manual》이라는 지침서를 발행했다. 또, 이러한 활동의 평가와 후속 조치(follow up)를 시행하기 위하여 2000년부터 2004년까지 5년간 활동계획을 수립·추진하기도 했다. 현재는 유럽 및 미국을 포함한 세계 각국도 이러한 움직임에 발맞추어 인적요인과 관련된 문제에 적극적으로 대응하고 있다.

4) 항공산업과 인적요인

항공기 운항 관련 분야에서의 인적요인에 대해 살펴보면 조종사를 중심으로 하는 교육 및 훈련 등이 이미 개발, 실행에 옮겨져 큰 성과를 올리고 있다. 한편, 항공기 정비분야는 운항분야와 비교해 인적요인 측면에서 상당히 뒤떨어져 있다. 그러나 1990년대에 이르러 발생한 항공기 정비작업에서 기인한 몇 건의 항공기 사고를 계기로 미국을 중심으로 본격적인 검토가 이뤄져 구체적인 대응까지도 실시되었다. MRM(Maintenance Resource Management)이라고 불리는 훈련이 대표적인 예로, 전 세계 많은 항공사를 포함, 많은 조직에서 이 방법을 현재까지도 채택하고 있다.

2 항공기 사고와 인적요인

1) 항공기 사고의 정의

국내 항공법에서는 "사람이 항공기 내외에서 항공기나 항공기 부품에 접촉하여 사망 또는 치명상을 입었을 때, 항공기에 막대한 피해가 발생하였을 때, 항공기가 행방불명되었을 때"를 항공기 사고로 정의한다.

또한, 국제민간항공기구에서는 항공기 사고에 대해 넓은 범위의 항공기 사고(aircraft

accident)와 준사고(incident)로 구분하기도 한다.

항공기 사고의 발생요인에는 여러 가지가 있지만 인간·기계·환경·임무·관리 등 5가지로 압축할 수 있다. 이 중에서 인간에 속하는 휴먼 팩터(human factor)인 인적요소가 가장 중요하다고 할 수 있다. 항공기 사고에서 인적요소가 중요한 것은 다음과 같이 사고에 도달하는 과정을 살펴보면 쉽게 이해할 수 있을 것이다.

지금까지의 항공기 사고를 면밀하게 분석·조사한 여러 연구를 종합하여 보면 항공기 사고는 단 하나의 요인에 의해서 발생한 경우는 극히 드물며, 거의 대부분 여러 가지 요인이 복합돼 발생한 것이라는 결론이 나온다. 그러한 요인 하나하나를 놓고 보면 별로 중요한 것이 아님에도 불구하고, 그것이 하나씩 허물어져 감에 따라 결국은 사고에 도달하게 된다. 이러한 것을 사고의 연결고리(chain of events)라고 부른다.

사고 예방이란 이러한 실수나 결함으로 연결된 고리가 완성되기 전에 그와 같은 요인들이 어떠한 것인지를 파악하여 제거하거나 회피하는 활동을 하는 것이다. 즉, 사고의 연결고리를 끊어 내는 것도 결국 사람이 하는 것이기 때문이다.

항공기 사고에 대한 다양한 사례에 대해서는 Appendix III에서 다루기로 한다.

2) 항공기 사고의 원인과 오류

많은 항공기 사고의 원인에는 인적오류가 관련되어 있다. 업무 형태별로 보고된 사고의 원인은 [표 1-1]과 같다. [표 1-1]에 따르면 항공분야에서도 인적오류가 사고 원인의 높은 비율을 차지하는 것을 확인할 수 있다.

[표 1-1] 전체 사고 중 인적오류에 의해 발생한 사고비율(출처: FAA MRM)

업무 형태	인적요인에 의한 사고비율
항공운송	70~80%
항공관제	90%
해상교통	80%
공장 생산과정	80%
원자력발전	70%
육상교통	85%

한편, 항공기 사고의 원인은 [표 1-2]와 같이 분류할 수 있다. [표 1-2]에 따르면 항공기 정비와 관련된 인적요인이 원인이 되었던 항공기 사고 비율은 전체 사고의 12%를 차지하며, 그에 따른 사망자의 수도 전체의 15%에 달한다는 것을 확인할 수 있다.

[표 1-2] 항공기 사고의 원인 분석(미국, 1982~1991)

원인	사고 건수	사망자 수
정상 비행 중 대지 충돌	36	2,169
정비 및 검사	47	1,481
조종 불능 및 불량	9	1,387
항공관제	39	1,000
이착륙	133	910
충돌사고 후 화재 및 연기 발생	41	799
비행 중 화재 및 연기 발생	6	610
활주로 결빙	9	384
전단풍	10	381
엔진 파손	11	199
이륙시설 부적합	11	188
지상 유도	23	138
이륙 중단	19	53
총계	394	9,699

3) 항공기 사고의 관련 법규

항공기 사고와 관련해서는 〈항공안전법〉 제2조(6~10호)에서 명확하게 명시하고 있다. 또한, 항공기 사고 이후에는 〈항공·철도 사고 조사에 관한 법률〉에 의거하여 사고 조사를 실시하게 되어 있다.

(1) 항공안전법 제2조 6호

'항공기 사고'란 사람이 비행을 목적으로 항공기에 탑승하였을 때부터 탑승한 모든 사람이 항공기에서 내릴 때까지[사람이 탑승하지 아니하고 원격조종 등의 방법으로 비행하는 항공기(이하 '무인항공기'라고 한다.)의 경우에는 비행을 목적으로 움직이는 순간부터 비행이 종료되어 발동기가 정지되는 순간까지를 말한다.] 항공기의 운항과 관련하여 발생한 다음의 어느 하나에 해당하는 것으로서 국토교통부령으로 정하는 것을 말한다.

① 사람의 사망·중상 또는 행방불명

② 항공기의 파손 또는 구조적 손상

③ 항공기의 위치를 확인할 수 없거나, 항공기에 접근이 불가능한 경우

(2) 항공안전법 제2조 7호

'경량항공기 사고'란 비행을 목적으로 경량항공기의 발동기가 시동되는 순간부터 비행이 종료되어 발동기가 정지되는 순간까지 발생한 다음의 어느 하나에 해당하는 것으로서 국토교통부령으로 정하는 것을 말한다.

① 경량항공기에 의한 사람의 사망·중상 또는 행방불명

② 경량항공기의 추락·충돌 또는 화재 발생

③ 경량항공기의 위치를 확인할 수 없거나, 경량항공기에 접근이 불가능한 경우

(3) 항공안전법 제2조 8호

'초경량 비행장치 사고'란 초경량 비행장치를 사용하여 비행을 목적으로 이륙[이수(離水)를 포함한다.]하는 순간부터 착륙[착수(着水)를 포함한다.]하는 순간까지 발생한 다음의 어느 하나에 해당하는 것으로서 국토교통부령으로 정하는 것을 말한다.

① 초경량 비행장치에 의한 사람의 사망·중상 또는 행방불명

② 초경량 비행장치의 추락·충돌 또는 화재 발생

③ 초경량 비행장치의 위치를 확인할 수 없거나, 초경량 비행장치에 접근이 불가능한 경우

(4) 항공안전법 제2조 9호

'항공기 준사고'(航空機準事故)란 항공안전에 중대한 위해를 끼쳐 항공기 사고로 이어질 수 있었던 것으로서 국토교통부령으로 정하는 것을 말한다.

(5) 항공안전법 제2조 10호

① '항공안전장애'란 항공기 사고 및 항공기 준사고 외에 항공기의 운항 등과 관련하여 항공안전에 영향을 미치거나 미칠 우려가 있는 것을 말한다.

② '항공안전 위해요인'이란 항공기 사고, 항공기 준사고 또는 항공안전장애를 발생시킬 수 있거나 발생 가능성의 확대에 기여할 수 있는 상황·상태 또는 물적·인적요인 등을 말한다.

③ '위험도'(safety risk)란 항공안전 위해요인이 항공안전을 저해하는 사례로 발전할 가능성과 그 심각도를 말한다.

④ '항공안전 데이터'란 항공안전의 유지 또는 증진 등을 위하여 사용되는 다음의 자료를 말한다.

  ㉠ 제33조에 따른 항공기 등에 발생한 고장·결함 또는 기능장애에 관한 보고
  ㉡ 제58조 제4항에 따른 비행자료 및 분석 결과
  ㉢ 제58조 제5항에 따른 레이더 자료 및 분석 결과
  ㉣ 제59조 및 제61조에 따라 보고된 자료
  ㉤ 제60조 및 〈항공·철도 사고 조사에 관한 법률〉 제19조에 따른 조사 결과
  ㉥ 제132조에 따른 항공안전 활동과정에서 수집된 자료 및 결과 보고
  ㉦ 기상법 제12조에 따른 기상업무에 관한 정보
  ㉧ 항공사업법 제2조 제34호에 따른 공항 운영자가 항공안전 관리를 위해 수집·관리하는 자료 등
  ㉨ 항공사업법 제6조 제1항 각 호에 따라 구축된 시스템에서 관리되는 정보
  ㉩ 항공사업법 제68조 제4항에 따른 업무 수행 중 수집한 정보·통계 등
  ㉪ 항공안전을 위해 국제기구 또는 외국 정부 등이 우리나라와 공유한 자료
  ㉫ 그 밖에 국토교통부령으로 정하는 자료
⑤ '항공안전 정보'란 항공안전 데이터를 안전관리 목적으로 사용하기 위하여 가공(加工)·정리·분석한 것을 말한다.

1 인적오류의 정의

인적오류란 어떠한 목적과 반대되어 인간의 행동이 바람직하지 못하게 되는 현상을 말한다.

1) 인적오류의 유형

작업에 관련하여 발생하는 인적오류는 행동의 형태에 따라 크게 2가지로 구분할 수 있다.

① 정비작업을 수행하는 데 있어서 작업을 수행하기 전에는 존재하지 않았던 오류가 새롭게 유발되는 것: 정비작업에 있어서 새로운 오류가 발생해 버린 경우로, 예를 들면 작업의 과정에서 기체 또는 부품을 손상시키거나, 장비품의 올바르지 못한 장착 상태 또는 장탈한 부품을 기억하지 못하고 작업을 종료하는 경우 등이 있다.

② 기체나 시스템의 점검과 검사에 있어서 존재하고 있는 오류를 간과하는 것: 점검과 검사의 목적이 완전하게 달성되지 못한 경우, 기체구조의 검사에서 균열 및 부식과 같은 결함을 확인하지 못한 경우, 부품 점검 시 오류를 발견하지 못한 경우 등이 있다. 또한, 정상인 부품을 불량품이라고 판단하고 교환해 버린 경우도 여기에 포함될 수 있다.

또한, 제임스 리즌(James Reason)과 같은 연구자는 인적오류의 유형을 [그림 2-1]과 같이 분류하고 있다.

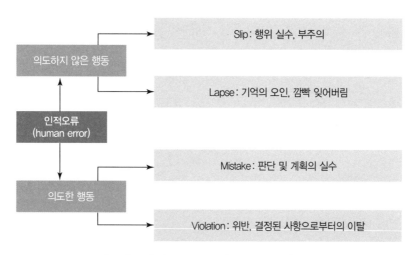

의도하지 않은 행동 → Slip : 행위 실수, 부주의

의도하지 않은 행동 → Lapse : 기억의 오인, 깜빡 잊어버림

인적오류 (human error)

의도한 행동 → Mistake : 판단 및 계획의 실수

의도한 행동 → Violation : 위반, 결정된 사항으로부터의 이탈

[그림 2-1] 인적오류의 분류(James Reason)

제임스 리즌은 인적오류를 의도한 행동과 의도하지 않은 행동, 크게 2가지로 분류하였다. 그러나 실제 인적오류는 복합적인 요인에 의해 발생하는 경우가 많기 때문에 한 가지 원인으로만 구분하기에는 무리가 따른다.

[그림 2-1]에서 말하는 위반(violation)은 악의적인 의미의 표현이 아니다. 흔히 말하는 위반이란 법적으로 위법성이 강한 태만(negligence), 고의 및 방해(sabotage) 등 반사회적 행위가 있지만 이러한 위법적·반사회적 행위는 여기서 말하는 인적오류에 포함시키기에는 무리가 따른다. 단지 여기서 말하는 위반이란 결정된 사항의 이탈(deviation)이라는 개념으로 Slip·Lapse·Mistake 등의 결과이며, 인적오류에 포함되는 위반은 흔한 실수와는 달리 고의성이 있다고 판단될 때를 말한다.

① Slip의 예
  ㉠ 컴퓨터 키보드 작업 중 오타가 발생한 경우
  ㉡ 체크 시트(check sheet)의 한 가지 항목을 건너뛰고 다음 항목으로 넘어간 경우

② Lapse의 예
  ㉠ 계획한 내용을 잊어버린 경우
  ㉡ 작업이 완료되지 않았음에도 종료되었다고 생각한 경우

③ Mistake의 예
  ㉠ 행위가 정확한 것이라고 맹신하는 경우
  ㉡ 잘못된 지침서를 따라 작업한 경우

④ Violation의 예
  ㉠ 부득이하게 검증되지 않은 공구를 사용한 경우
  ㉡ 안전하다고 생각하고 보호장구를 착용하지 않고 작업한 경우
  ㉢ 자신이 임의대로 작업을 수행한 경우

다음은 영국의 민간항공국(CAA : Civil Aviation Authority)이 항공기 정비분야에서 발생하는 인적오류에 대해 심층적으로 연구를 실시하여 정리한 대표적인 오류의 유형이다.

① 부품의 부정확한 장착
② 잘못된 부품의 조립
③ 전기적인 배선의 불일치
④ 항공기에 물건들이 방치됨.

⑤ 불충분한 윤활
⑥ 점검창·페어링·카울링 등을 단단히 잠그지 않음.
⑦ 연료 및 오일 마개와 연료 패널을 잠그지 않음.
⑧ 출발 전에 기어 핀을 장탈하지 않음.

2) 인적오류의 발생단계

정비작업에 관련된 일련의 과정에서 인적오류의 발생은 다음의 2가지로 생각될 수 있다.

① 실행단계에서 발생한 인적오류

통상적으로 작업은 처음에 정해진 계획에 따라 수행되지만, 실제 행위는 어떤 원인에 의해 계획에 맞지 않게 수행되는 경우가 있다. 또, 계획에 따라 수행된 행위가 어떤 방해요소에 의해 목적을 달성하지 못하는 경우도 있다. 이러한 경우는 '실행단계에서 발생한 인적오류'로 분류된다. 그 결과로 필요한 작업 행위가 빠져 버린다든지, 작업 행위의 순서가 맞지 않게 될 수도 있다. 예를 들면 열어 둔 점검창을 닫지 않은 행위, 비행 전에 피토관의 커버 제거를 잊어버린 행위, 실수로 스위치를 잘못 조작해 버린 행위 등이 있다.

② 계획단계에서 발생한 인적오류

작업 행위는 계획에 맞게 수행하였더라도 계획한 내용이 적절하지 못한 경우도 있다. 예를 들면 참조한 매뉴얼이 개정판이 아닌 경우와 불명확한 경우, 다른 기종에 적용된 매뉴얼을 사용하여 작업한 경우 등이 있다. 이러한 종류의 인적오류는 '계획단계에서 발생한 인적오류'이다. 이렇게 분류된 인적오류에는 적용된 규칙 자체가 잘못되었거나 실시한 경험이 없었던 작업을 작업자 임의대로 적용한 기준을 선택하여 계획하고 작업하였을 때, 그 기준이 적절하지 못한 경우 등도 포함된다.

2004년 영국의 항공안전위원회(UK Flight Safety Committee)에서는 항공기 정비사고를 유발시키는 요인 10가지를 발표했는데, 그 내용은 다음과 같다.

① 발행된 기술자료나 지시를 따르지 않음.
② 기술자료에 언급되지 않은 인가되지 않은 절차를 사용함.
③ 감독자가 기술자료를 사용하지 않거나, 기술 지시를 따르지 않는 것을 허용함.
④ 정비기록, 작업 패키지의 적절한 문서 유지·관리를 하지 않음.

⑤ 자세한 내용은 집중하지 않음(자만심).

⑥ 항공기 기체 및 엔진에 하드웨어가 부적절하게 장착됨.

⑦ 항공기에 인가되지 않은 개조를 수행함.

⑧ 작업 종료 후 공구 재고 조사를 수행하지 않음.

⑨ 훈련되지 않거나, 자격이 없는 사람이 작업을 수행함.

⑩ 작업을 수행하는 동안 지상 지원장비가 부적절하게 배치됨.

2 오류 모델

1) PEAR 모델

PEAR 모델은 항공기 정비부문에 특화시켜서 정비 인적요인들을 기억하기 쉽게 마이클 매독스(Dr. Michael Maddox)와 빌 존슨(Dr. Bill Johnson)에 의해 개발된 모델이다.

[그림 2-2]에서 보는 것과 같이 PEAR의 P는 'People'로 작업을 수행하는 작업자를 의미하며, E는 'Environment'로서 작업환경, A는 'Actions'로 작업자의 행동, R은 'Resources'로서 작업에 필요한 자원들을 의미한다.

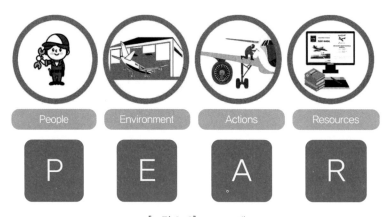

[그림 2-2] PEAR 모델

(1) 작업자(People)

　P는 People로서 작업을 수행하는 작업자를 의미하며, 작업자의 신체적·생리학적·심리학적인 면에 초점을 맞추고 있다. 즉, 개인별 신체적 한계, 정신 상태, 인지능력 및 기타 타인과의 상호작용에 영향을 주는 조건 등이 고려된다.

① 작업자의 신체적·생리학적·심리학적·심리사회학적인 측면에 초점을 맞춘다.
② 개인별 신체적 한계, 정신 상태, 인지능력 및 기타 타인과의 상호작용에 영향을 주는 조건 등을 적용한다.
③ 신체 사이즈·체력·연령·시력 등 개인의 신체적 특징을 고려하여 적합한 업무를 적용한다.
④ 인간의 한계 및 제약조건을 고려한 작업자별 업무를 적용하여 기획한다.
⑤ 신체적·정신적 피로를 감안하여 정기적인 휴식을 부여한다.

(2) 작업환경(Environment)

　E는 Environment로서 환경을 의미하며, 온도·습도·조도·소음 등과 같은 물리적 환경뿐만 아니라 협동심·의사소통·기업문화와 같은 기업 내 조직적 환경 같은 무형적인 환경 또한 고려한다.

① 작업장에 적절하게 조명시설이 유지되고 있는가를 확인한다.
② 기업은 직원이 최적의 신체적 기능을 유지하고 있는가를 확인한다.
③ 개개인의 생리학적·심리학적인 측면을 확인한다.
④ 기업은 직원의 신체적·정신적 건강을 증진시킨다.
　㉠ 건강 관련 교육 프로그램을 제공한다.
　㉡ 건강식·건강음료를 직원들에게 제공한다.
　㉢ 병가 횟수 감소 및 생산성 제고의 효과를 얻는다.
　㉣ 흡연이나 음주 등 약물 의존과 관련된 건강 프로그램을 실시한다.
⑤ 정비작업장의 환경에서는 계류장·격납고·수리작업장과 같은 물리적 환경과 항공사의 조직적 환경을 개선한다.
　㉠ 물리적 환경(physical environment) 개선의 예시
　　• 온도, 습도, 조도, 소음관리, 청결, 작업장 설계 등이 물리적 환경에 속한다.
　　• 항공사는 물리적 환경의 상태를 파악한다.

- 항공사는 물리적 환경에 잘 적응할 수 있도록 지원한다.
- 작업자의 직무에 맞는 작업장 환경으로 개선한다.
- 이동식 냉난방기·조명·의복·작업장 및 업무계획을 리소스(resource)에 직결시켜 개선한다.
ⓛ 조직적 환경(organizational environment) 개선의 예시
- 조직적 환경을 무형적인 환경과 전형적인 구성요소로 개선하고, 협동심·의사소통·공유가치 및 상호 존중의 기업문화로 개선한다.
- 조직환경의 발전인 리더십, 조직원들 간 활발한 의사소통, 기업의 안전, 이익 등과 관련된 공유 목표를 달성한다.
- 기업이 구성원들을 지도하고 지원하여 조직 내 안전문화를 정착시킨다.

(3) 작업자의 행동(Actions)

A는 Actions로서 행동을 의미하며, 작업을 완수하기 위하여 행해지는 모든 작업자의 행동을 세밀하게 분석한다. 일명 작업 분석(Job Task Analysis)은 작업 수행에 필요한 지식·기술 및 자세를 파악하기 위한 연구방법으로서 행해진다.

① 작업 분석(JTA: Job Task Analysis)으로 각 작업 수행에 필요한 지식·기술 및 자세를 파악하여 교육 프로그램 개발을 기획한다.
② 작업에 필요한 지침서, 도구, 기타 제 자원을 파악한다.
③ 작업자가 적절한 교육을 이수하였는지 확인한다.
④ 작업에 필요한 시설 및 기타 자원을 구비하였는지 확인한다.
⑤ 감항당국은 항공사의 기본 정비 매뉴얼 및 교육계획의 기초로 작업 분석을 요구한다.
⑥ 작업카드(job card) 및 기술도서와 관련된 다양한 인적요인 사항도 Actions의 범위를 확인하여, 교육 프로그램 개발을 기획한다.
⑦ 자신이 취해야 할 Action에 지침서와 점검표(checklist)가 정확하고 유용한 것임을 재확인한다.

(4) 작업에 필요한 자원(Resource)

R은 Resource를 의미하며, 공구·시험장치·컴퓨터 등과 같은 대부분은 유형적 자원이지만 작업자의 인원 및 자질·작업시간 등과 같은 무형적 자원 또한 고려한다.

① 작업자에게 필요한 자원(resources necessary to complete the job)을 분석하여, 교육 프로그램 개발을 기획한다.

② 승강기, 공구, 시험장비 장치, 컴퓨터, 기술도서 등과 같이 유형적 자원을 구분하여 교육 프로그램 개발을 기획한다.

③ 작업자(People)의 인원, 자질, 할당된 작업시간 및 작업 감독자와 제작사와의 커뮤니케이션 활성화 정도 등을 무형적 자원으로 구분하여 교육 프로그램 개발을 기획한다.

④ 보호복·휴대폰·리벳과 같이 작업을 수행하는 데 필요한 모든 자원이 있는지 확인하여 교육 프로그램 개발을 기획한다.

⑤ PEAR 모델에서 현재 파악된 자원 외에 안전문화를 증진시키는 데 필요한 또 다른 자원이 있는지 확인하여 교육프로그램 개발을 기획한다.

한편, 자원은 나머지 PEA와 독립적으로 분리하기 어려우며, 일반적으로 작업자(People)·환경(Environment)·행동(Actions)이 자원을 결정한다.

2) SHELL 모델

인간의 삶을 둘러싸고 있는 주변 상황과의 관계를 개념적인 그림으로 표시한 것을 SHELL 모델이라고 한다. 중심이 되는 사람(L: Liveware)은 작업자·당사자라고 하며, 당사자가 되는 사람은 주변을 둘러싸고 있는 소프트웨어(S: Software), 하드웨어(H: Hardware), 환경(E: Environment), 당사자 외 다른 사람(L: Liveware)과의 관계에 의해 매우 큰 영향을 받는다. 게다가 사람과 주위의 관계는 항상 일정한 것이 아니라 그때그때의 상황에 의해 자주 변화된다. SHELL 모델은 1972년 영국의 에드워드가 발표한 이후 1984년 네덜란드의 호킨스에 의해 현재의 형태로 개정되어 인적오류의 해석과 개선의 수단으로 널리 활용되고 있다. SHELL 모델의 S·H·E·L은 그것이 의미하는 단어의 첫 글자를 따서 만들어진 것이다.

항공기 정비의 환경에 있어서 중심에 있는 당사자에 해당하는 사람은 항공정비사에 국한하지 않는다. 작업에 관계된 사람이라면 누구든지 당사자에 해당할 수 있는 것이다. [그림 2-3]에서 보는 것과 같이 SHELL 모델의 각 요소는 서로 통합된 것이 아니라 각각 독립적으로 되어 있다. 이것은 각각의 요소가 하나로 일원화될 수 없고, 각각의 상황에 의해 복잡하게 관계하고 있다는 것을 나타낸다. 각각의 요소들의 관계가 원활하지 않을 때에 인적오류의 발생 원인이 되는 것이다.

[그림 2-3] SHELL 모델

항공기 정비작업에 'SHELL 모델'을 적용하였을 때, 요소별로 예시를 들어 보면 다음과 같은 것들이 있을 수 있다.

① **소프트웨어**(S: Software) : 작업 매뉴얼과 같은 지침서, 작업도면, 작업지시서, 작업규칙, 관계된 법령(항공법규)
② **하드웨어**(H: Hardware) : 항공기 기체, 각종 공구, 정밀측정공구 등
③ **환경**(E: Environment) : 작업장의 상황, 조명, 소음, 날씨, 정신적인 스트레스 등
④ **사람**(L: Liveware)
    ㉠ 중심의 L : 당사자
    ㉡ 주변의 L : 당사자 이외의 사람(상사, 동료, 후임, 그 외 관계되는 사람들)

작업 당사자가 주위의 영향을 받지 않고 적절하게 작업 행위를 수행할 수 있다면 인적오류가 발생하기 어렵지만, 당사자 자신의 정신적 혹은 신체적 상태 또는 당사자와 주변의 관계에 어떠한 이유로 양호하지 못한 상황이 있다면 인적오류가 발생하기 쉬워진다.
이러한 상황에서 인적오류의 발생을 'SHELL 모델'을 기준으로 하여 해석해 보면 다음과 같은 예시를 들 수 있다.

① L(당사자 자신)의 문제
    ㉠ 개인의 능력 : 지식 · 기량 · 경험의 부족 등
    ㉡ 신체의 상태 : 시력 · 청력 등 신체기능의 저하, 피로, 수면 부족, 음주, 약물장애 등
    ㉢ 심리 상태(외부로부터 받는 스트레스, 정서 불안정, 개인 및 가정사 등)

② L(당사자 자신) - S(소프트웨어)의 관계
    ㉠ 조직의 문제 : 기업 방침의 불명확, 제도 부실, 목표 설정의 무리, 작업 지원의 불충분 등
    ㉡ 기준 · 문서 등의 문제: 작업 매뉴얼, 작업지시서, 문서관리의 부실 등

③ L(당사자 자신) - H(하드웨어)의 관계

    ㉠ 기체·부품의 문제 : 설계 불량(복잡성, 작업성, 접근성의 불량, 고장탐구의 곤란성, 체결이 어긋나기 쉬운 설계 등), 부품 확보의 곤란성, 관리 상태의 불량 등

    ㉡ 공구·기자재의 문제 : 조작 불량, 신뢰성 부족, 준비 부족 상태, 보수 및 점검의 불량, 설명서 구비 부실 등

④ L(당사자 자신) - E(환경)의 관계

    ㉠ 자연환경의 문제 : 야외 및 야간 작업, 악천후(강풍·폭우·폭설 등), 고온, 저압, 다습 등

    ㉡ 물리적 환경의 문제 : 조명 부족, 소음, 진동, 특정 장소의 작업(높은 곳, 폐쇄된 곳 등), 환기 부족 등

⑤ L(당사자 자신) - L(주위 사람)의 관계

    ㉠ 커뮤니케이션 문제 : 작업자 간, 작업자와 감독자 간, 특정 파트 간, 근무교대 간, 정비사와 승무원 간 등의 커뮤니케이션 부족

    ㉡ 팀워크의 문제 : 책임 분담의 불명확, 멤버 간의 협업, 의사결정, 목표의 부재 등

    ㉢ 리더십의 문제 : 부적절한 작업계획, 작업 지시, 작업자의 배치, 작업의 강도, 지나치게 엄격하거나 혹은 지나치게 느슨한 관련 법률 등

    ㉣ 인간관계의 문제 : 상사, 동료, 선후배와의 신뢰관계의 결여 등

최근 발생하는 인적오류에는 시스템 전체에 관계된 관리·경영 등의 영향이 크기 때문에 기존의 'SHELL 모델'에 Management의 M을 추가한 'M-SHELL 모델'을 고려하는 곳도 있다.

3) 스위스 치즈 모델(Swiss cheese model)

조직의 안전에 대한 풍토·문화 등도 인적오류의 발생에 큰 관계가 있다. 조직의 문화에는 조직을 구성하는 사람들이 공통적으로 생각하는 방법 또는 습관 등이 있다. 실제로 인적오류의 발견이 작업을 수행하는 단계에서 기능적으로 발견되는 것이 아닌 대형사고의 발생으로 발견되는 사례가 많다. 이와 같은 경우에 조직에서 그것을 사전에 방지하지 못했다거나 혹은 거꾸로 사고를 야기하는 것과 같은 풍토가 복합적으로 존재하고 있었다는 것이 발견되었다. 제임스 리즌(James Reason)은 이와 같은 조직상의 결함을 [그림 2-4]와 같은 '스위스 치즈 모델'로 설명하고 있다. 인적오류가 발생하였을 때, 대형사고로 확대되기 이전에 대책을 마련하더라도 그 대책 자체에 결함이 있다면 스위스 치즈의 구멍과 같이 방어망을 그냥 지나쳐 대형사고로 확대될 수밖에 없다고 보고 있다.

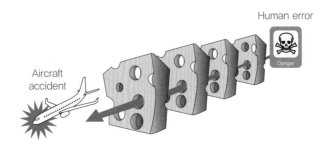

[그림 2-4] 스위스 치즈 모델(Swiss cheese model)로 바라보는 결함의 연쇄작용

'스위스 치즈 모델'에서 말하는 구멍은 방어망의 잠재적인 결함인 것이며, 인적오류에서 기인한 대형사고의 발생은 이러한 잠재적인 결함의 연쇄작용인 것이다. 따라서 대형사고를 방지하기 위해서는 조직의 결함을 조기에 발견하고, 방어망에 있는 구멍을 사전에 막는 것이 중요하다.

안전문화는 말하자면 조직에서 오랫동안 지속적으로 이야기해 왔던 자연발생적인 안전에 관한 풍토이다. 그러나 그 풍토만으로는 조직의 상황에 있어서 해결할 수 있는 문제는 아닌 것이다. 예를 들어 안전문화를 중시하다가 한쪽으로 치우칠 우려가 있으며, 안전을 확보하기 위한 노력이 충분하지 못한 경우가 발생할 수 있다. 이러한 문제점을 해결하기 위하여 국제민간항공기구(ICAO)에서는 안전성 향상을 위한 안전관리시스템(Safety Management System)을 요구하고 있다. 이는 조직이 갖추고 있어야 할 안전에 관한 기본 방침, 안전관리상 필요한 조직, 책임체제 등에 관한 절차 등을 구체적으로 정하고 있다(ICAO SMS).

4) 하인리히의 법칙(Heinrich's law)

인적오류와 안전하지 못한 행동은 그것만으로 사고로 직결되는 것은 아니다. 지금까지 기존에 보고된 많은 사고를 분석한 미국의 하인리히(H. W. Heinrich)는 사고의 단계 사이에 일련의 관계가 있다는 것을 발견하였다. 이것이 [그림 2-5]에 나타낸 것과 같이 일반적으로 알려진 하인리히의 법칙(Heinrich's law)이다.

대형사고가 발생하기까지는 그전에 소형사고, 경미한 사고가 다수 발생하고 그것들을 미리 발견하여 대책을 세우게 되면 대형사고의 발생을 방지하는 것이 가능하다고 볼 수 있다. 또한, 별도의 보고에서 보면 사망사고 1건이 발생하기까지 중상 10건, 부상 30건, 그 외 그것들을 야기할 수 있는 불안전한 행동 600건이 존재한다는 조사 결과도 있다(F. B. Byrd Jr., 1969).

여기서 보면 대형사고는 항상 발생하는 것은 아니지만 그 이전의 소형사고와 경미한 사고, 불안전한 행동에 의해서 점점 대형사고의 발생으로 진행되어 가는 경향을 보인다. 이것은 항공사고

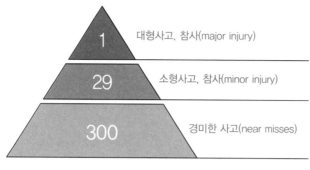

내부 텍스트:

1 대형사고, 참사(major injury)

29 소형사고, 참사(minor injury)

300 경미한 사고(near misses)

[그림 2-5] 하인리히의 법칙(Heinrich's law)

에서도 적용되며, 경미한 인적오류와 불안전한 행동의 단계에서 위험요소에 대한 개선이 이루어지면 하인리히의 법칙에 따라 대형 항공사고의 발생을 감소시킬 수 있다고 말할 수 있다.

5) 더티 더즌(dirty dozen)

캐나다 항공당국은 1989년에 발생한 Air Ontario 소속 항공기의 추락사고를 계기로 항공정비사의 인간특성에 관한 검토를 수행한 바 있다. 그 결과 정비환경에 있어서의 인적요인의 문제와 그 대책에 대한 몇 가지 요소들을 찾아내 그 요소들을 '더티 더즌(dirty dosen)'으로 명명하였다. 더티 더즌은 미국에서도 중요하게 인식하고, 그 후 항공정비사에 대한 인적요인과 관계된 훈련 및 교육을 실시, 지금은 널리 사용되는 용어가 되었다. 즉, 더티 더즌이란 인적오류를 야기할 수 있는 12가지 요인이라고 할 수 있다. 그리고 더티 더즌은 발생한 인적오류의 원인 분석 및 재발 방지대책을 세우는 데 유용하게 사용될 수 있다.

(1) 의사소통의 결여(lack of communication)

커뮤니케이션은 작업에 관계된 사람들 사이에서 의사전달 수단으로서 매우 중요하다. 작업 감독자와 항공정비사, 조종사와 항공정비사 간의 정보 전달 등 필요한 정보는 커뮤니케이션, 즉 의사소통에 의해 전달될 수 있다. 의사소통이라고 하는 것은 단지 말을 주고받는 이야기에만 한정되지 않는다. 문서도 하나의 의사소통의 수단이며, 이야기와 문서를 함께 사용하는 경우도 있다. 팀을 이뤄 작업을 하는 경우에는 적절한 의사소통 없이는 결코 올바른 작업이 수행될 수 없다. 의사소통이 충분하지 못한 경우에는 품질과 작업효율의 저하를 초래하게 되며 인적오류 발생의 원인이 되기도 한다.

(2) 자기 과신 및 자만심(complacency)

동일한 작업을 반복 수행하다 보면 그 상황에 익숙해지게 되며, 혹여 실수를 한다고 하더라도 잘못을 깨닫지 못하는 경우가 많다. 예를 들면 가끔 기체의 구조 내부에 있는 케이블이 손상되어 있다 하더라도 지금까지의 검사에서 문제가 발생하지 않았다면 그냥 지나치며 손상 유무를 점검하는 작업 시트에는 "체크 결과 이상 없음."이라고 서명할 수도 있는 상황이 올 수도 있다. 따라서 평소 자만심에 빠지지 말고 결함의 존재를 의심하는 태도, 매뉴얼이나 작업 지시에 올바르게 따라가는 태도가 꼭 필요하다.

(3) 지식 부족(lack of knowledge)

지식의 부족은 가장 일반적인 판단오류의 원인으로 알려져 있다. 그러나 실제로 지식이 충분하지 않은 경우인데도 불구하고 "해 보았는데 가능할 것 같다."라고 말하는 것과 같은 마음을 가지는 경우가 많이 있다. 이러한 원인으로 인한 인적오류를 방지하기 위해서는 올바른 훈련을 받는 것, 최신 매뉴얼을 따라가는 것, 스스로 판단할 수 없는 경우에는 주저하지 말고 관련 지식이 있는 사람에게 물어보는 것 등이 중요하다.

(4) 주의 산만(distraction)

주의 산만은 정비에서 발생하는 오류 원인의 약 15%를 차지하고 있다. 예를 들어 작업이 어떠한 이유에서 중단된 후에 작업을 다시 시작할 때의 작업자는 이미 작업이 완료되어 있다고 믿는 상황이 있을 수 있다. 경우에 따라서 몇몇의 작업자가 작업에서 빠져버리는 상황이 있을 수 있다. 이와 같이 주의 산만은 모든 작업을 빨리 종료시키고 싶어 하는 인간의 공통된 심리에서 기인한다.

(5) 팀워크의 부족(lack of teamwork)

팀워크의 부족은 의사소통과 밀접한 관계가 있다. 항공기 정비작업은 여러 명의 사람이 동시에 작업하는 경우가 많기 때문에 팀워크가 미치는 영향이 매우 크며, 팀워크의 결여는 여러 가지 오류나 문제점을 야기할 수 있다. 특히, 항공기 정비작업에서는 팀워크가 매우 중요하기 때문에 항공정비사를 대상으로 하는 인적요인과 관련된 교육에서는 무엇보다도 팀워크를 중요시하고 있다.

(6) 피로(fatigue)

일반적으로 피로를 동반하지 않는 노동은 없다. 그렇기 때문에 항공기의 정비작업에서도 당연히 피로가 발생한다. 일반적으로 "작업 후 적절한 휴식을 통해 회복한 후, 다음 작업에 들어가야 한다."라는 것이 정상적이다. 그러나 경우에 따라서는 피로가 축적된 상태로 작업을 계속해야 하는 상황이 될 수도 있다. 피로가 쌓였는데도 불구하고 본인이 깨닫지 못하고 작업을 계속하는 경우도 있다. 그와 같은 때에는 상황에 대한 인식능력·주의력·판단력 등이 저하될 우려가 있으므로 이를 의식하여 보다 신중하게 행동하는 것이 중요하다. 야간작업 및 근무교대가 이루어지는 작업이 수행되는 상황 등에서 관리자는 피로에 대한 점을 유의하여 주도적으로 작업계획을 세우고, 작업자 자신도 적절한 자기관리가 꼭 필요하다.

(7) 자원의 부족(lack of resources)

항공기 정비작업에는 다양한 자원을 필요로 한다. 자원을 크게 분류하면 질적 자원과 양적 자원이 있는데 여러 가지 자원 중에서 가장 큰 영향을 미치는 것은 인적 자원이다. 계획적인 작업 상황과는 별개로 항공기 정비에서는 작업강도가 반드시 일정한 것은 아니다. 필요한 작업량이 정확하게 예측되기 어려운 경우도 존재한다. 때에 따라서 작업자가 부족한데도 불구하고 실행해야 하는 경우도 발생한다. 또한, 필요한 공구나 재료의 양이 충분하지 못한 경우도 발생할 수 있다. 이와 같은 자원의 부족은 때때로 인적오류의 원인이 된다.

(8) 외부 압력(pressure)

외부로부터의 압력도 항공기 정비작업에서 피할 수 없는 요인이다. 특히, 민간 항공사에서는 정시운항을 확보해야 하는 업무적인 필연성 때문에 항공정비사는 다양한 부분에서 항상 의식적 혹은 무의식적인 압력을 느끼고 있다. 민간 항공사뿐만 아니라 업무를 위해 항공기를 운항하는 경우에도 해당 관계자들은 다양한 압력을 느끼고 있다. 그러한 것이 인적오류를 유발시키는 큰 원인이 되고 있다.

(9) 자기주장의 결여(lack of assertiveness)

항공정비사는 교육 및 훈련을 통해 항상 규정과 기준·법령에 따라가고 있다. 독자적인 판단으로 기준에 없는 작업을 수행하는 것은 거의 없다고 볼 수 있다. 그러나 필요한 경우에는 본인이 스스로 생각하는 부분이나 본인의 입장을 확실하게 주장해서 이해를 얻는 것도 필요하다.

(10) 스트레스(stress)

내부적인 스트레스도 외부의 압력과 같이 항공기 정비작업에서는 항상 따라다니는 부분이다. 항공정비사의 업무상 숙명적인 것일지도 모르지만 항공정비사는 시간, 기재의 상태, 작업환경 등 모든 것이 스트레스가 될 가능성이 있다. 일반적인 경우, 항공정비사는 그런 부분을 견디며 업무를 수행하고 있다. 그러나 개인적인 고민, 가정의 문제 등 그 외의 스트레스가 더해지면 정신적인 안정이 결여되고, 불안전한 작업을 유발하기도 하며, 때에 따라서 대형사고의 원인이 될 소지도 있다.

(11) 상황 인식의 결여(lack of awareness)

인간의 행동은 사물의 현상을 인식하고 자신의 기억·지식 등과 조합하여 계획을 세우고 실행하는 과정을 거친다. 이때 가장 중요한 것은 어떤 상황인지를 정확하게 인식하고 판단하는 것이다. 상황 인식이 충분하지 못한 상태에서 행동하여 문제가 확대되고 대형사고가 발생한 사례가 많다. 고장의 수리 혹은 작업의 과정에서 긴급사태가 발생한 경우 어떠한 상태인지, 어떻게 대처하는 것이 좋은지를 냉정하게 판단하고 다음 행동을 결정하는 태도가 필요하다.

(12) 규범, 관행, 집단행동양식(norms)

인간은 소속감을 느끼는 집단과 더불어 살아가고 있기에 자연스럽게 습관·풍습·관행 또는 풍토 등 같은 문화에 융화되기 쉽다. 기존의 관행이 있다고 하더라도 개인적인 사고방식을 인식하고 적극적으로 사고할 수 있는 분위기가 형성된다면 직장에서의 인적오류 발생이 감소할 수도 있다. 그러나 문제가 많은 직장에서는 이와 반대되는 분위기가 있는 경우도 적지 않다. 항공기 정비작업에서는 잘못 고착된 관행을 따르게 되면 상황이 불안전하게 흘러가게 되며 사고를 유발시킬 수 있으므로 유의해야 한다.

3 인적오류와 인간행동

1) 항공기와 인적오류

교통수단의 발전은 인류가 보다 편리하게 이동할 수 있게 함으로써 사회에 많은 변화를 가져왔다. 하지만 여기에는 양면성이 있어 편리함과 반대되는 사고의 위험성도 항상 내재되어 있다.

[표 2-1]은 영국의 인구 천만 명당 교통사고 사망률을 교통수단별로 분류, 조사한 결과이다. 이 결과에 따르면 한 번 이동할 때의 비율만을 따지면 항공기 사고는 오토바이 다음으로 위험한 교통수단인 것처럼 보이지만, 시간당 사고 비율 혹은 이동거리당 사고 비율 등 전체적으로 안전성을 평가해 보면 항공기는 상당히 안전성이 높은 교통수단이라고 할 수 있겠다.

[표 2-1] 여러 가지 교통수단의 사고 사망률(영국, 인구 1,000만 명 기준)

교통수단	1회 이동 시	1시간 이동 시	1km 이동 시
오토바이	100	300	9.7
항공기	55	15	0.03
선박	25	12	0.6
자전거	12	60	4.3
소형차	4.5	15	0.4
중형차	2.7	6.6	0.04
철도	2.7	4.8	0.1
버스	0.3	0.1	0.04

그러나 항공기가 일상적인 교통수단으로 이용되면서 생활의 편리와 지구촌이 일일생활권화 되는 등 삶의 질 향상에 기여한 반면에, 그와 함께 항공기 사고 발생도 점점 증가하고 있는 추세이다. 이에 따라 사람과 항공기 사고의 관계에 대해 생각해 보고 인적요인을 이해하며 인적오류에 대해 고찰해 보는 것이 매우 중요한 일이 되었다. 또한, 최근 들어 발생한 항공사고에 있어서 항공기 정비작업에 의한 오류가 직접적 또는 간접적인 원인이 되고 있는 사례가 다수 보고되고 있기에 인적오류에 대한 고찰은 필수적이라고 할 수 있다.

[그림 2-6]에서는 과거 40년간 발생한 대형항공기의 사고 원인에 대해서 직접적인 원인별로 분류하고 있다. 이에 따르면 항공기 사고의 약 70%는 조종사로부터 비롯되는 오류에 기인하고 있다는 것을 알 수 있다. 사고 조사에 따르면 사고 유발의 2차적, 3차적 원인까지 분석해

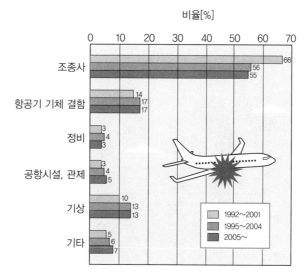

[그림 2-6] 대형항공기의 사고 원인(Boeing)

봤을 때 조종사 과실 중 약 60% 정도의 사고에서 기자재의 결함이 우선 발생하였다. 이러한 내용을 살펴볼 때, 그러한 요인들이 최종적으로 조종사의 과실을 유발하였다고 추측할 수 있다. 따라서 실질적인 기체 결함이나 정비작업에 기인하는 사고의 비율은 [그림 2-6]에서 나타나는 비율보다 훨씬 더 크다고 추측할 수 있는데, 이는 [표 1-2] '항공기 사고의 원인 분석'(미국, 1982~1991)의 결과로 증명되었다. 또한, 시기별로 살펴보면 현대에 이를수록 조종사 과실에 의한 사고 비율이 감소하는 경향을 볼 수 있지만, 정비작업에 기인하는 사고 비율은 그다지 큰 변화가 없음을 알 수 있다.

항공기 사고 사례를 한 건 살펴보자. 1988년 4월 미국의 Aloha항공 B737 항공기의 동체 상판이 비행 중 떨어져 나가는 사고가 발생한 바 있다. 이 사고는 미국 하와이에서 비행하던 B737-200 항공기가 비행 중 돌연 동체 상판이 떨어져 나가고, 파편으로 인해 엔진도 정지된 사고였다. 다행히 조종사가 간신히 기체를 제어하여 가까운 마우이공항에 착륙하는 데 성공하였다. 하지만 이 사고로 스튜어디스 1명이 행방불명되고, 승객 다수는 부상을 입었다.

이 사고 이후 미국 항공당국은 해당 기종을 운용하는 많은 민간 항공사에 해당 기종의 동체 외판 접합부에 대한 검사 지시를 제안하였다. Aloha항공도 수개월 전의 정기 점검 때 그것에 대해 검사하였지만 큰 손상은 없다고 판단하였다. 그러나 사고 이후의 조사에 따르면 검사를 수행한 시점에 이미 동체 외판의 리벳 주변에 다수의 균열이 발생하고 있었음이 판명되었다. 즉, 정기 점검에서 균열을 발견하지 못한 것이 사고의 주요 원인이 되었다고 판단한 것이다.

그러나 미국 항공기 사고 조사당국은 단순히 항공기 기체 노후화 및 정기 점검 시 작업 담당자의 문제만은 아니라고 명시하였다. 조사당국의 보고서에 따르면 사고 원인의 배후에 '부적절한 정비 프로그램과 작업계획', '야간 및 야외 작업에 따른 조명시설 부족', '작업시간에 대한 압

[그림 2-7] 1988년 발생한 Aloha항공 B737-200 사고 사례

박으로 인한 스트레스', '작업자에 대한 정보 부족', '정밀측정공구 사용에 관한 교육 및 훈련의 부족', '기술지시서의 미구비' 등과 같은 작업자의 능력과 특성에 대한 배려가 충분하지 못하였던 것들이 큰 영향을 미쳤기 때문에 그 결과로 균열을 발견하지 못하고 지나쳐 버려 항공기 사고로 진행되었다는 것이다.

미국에서는 이 사고를 계기로 항공기 정비작업에 있어서 '인간의 능력과 한계를 어느 정도 수준으로 맞추는 것이 효과적인가'에 대해 고민하게 되었다. 그 결과 항공기 정비작업에서의 인적요인과 인적오류는 어떤 것이 있는지에 대해 검토하는 것을 국가의 중요 시책으로 받아들이게 되었다. 또한, 이 사고는 미국뿐만 아니라 세계 각국이 공동으로 항공기 정비와 관련된 인적요인과 인적오류의 중요성에 대해 공감하고 발전시키게 되는 주요한 사건이 되었다.

2) 인간의 정보처리 기능

인간의 능력과 한계를 이해하고 나면 인간의 정보처리 기능을 이해하는 것이 중요하다는 것을 알 수 있다. 인간은 외부 자극에 의해 어떠한 정보를 감지하면 자기 자신의 지식과 기억을 조합하면서 해야 할 행동을 생각하고, 그 결과 동작이라는 형태로 외부에 반응하게 된다. 이 일련의 업무를 인간의 정보처리 기능이라고 부른다.

그러나 사람이 한 번에 처리할 수 있는 정보량은 한계가 있으며, 그 처리능력을 넘어서는 경우에는 선택적 혹은 순서에 맞게 처리하게 된다. 어떠한 입력 내용을 선택 또는 순서에 맞게 의사결정을 수행하고 행동에 옮기는 등의 행위를 주의 활동 혹은 의식적 활동이라고 한다. 또한, 이러한 정보처리 기능에는 한계가 있으며 경험, 훈련, 동기 부여, 긴장, 외부환경 조건, 정신적 부담의 상황, 신체적 특징 등에 의해 반드시 일정하게 처리되지는 않는다. 따라서 그 처리 결과가 바람직하지 않은 형태가 되는 것을 인적오류라고 한다.

이러한 정보처리의 과정을 개념적인 모델로 표현한 것이 [그림 2-8]의 정보처리 모델이다. 정보처리 모델에 따르면 인간은 외부의 자극을 받아서 판단하고 행동하는 것을 알 수 있다. 이 모델은 정보처리 모델 중 가장 단순한 모델이며, 인간의 행동 수준까지 다루는 심화된 모델도

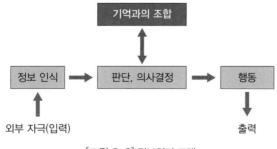

[그림 2-8] 정보처리 모델

존재한다. 단순한 모델에서는 외부 자극(입력), 판단 및 의사결정, 행동(출력)의 3단계로 구분할 수 있다.

(1) 입력단계(외부 자극)

인간은 외부 정보를 인체의 감각기관을 통해서 빛·소리·냄새 등을 자극이라는 형태로 감지하게 된다. 그러나 인체의 감각기관은 모든 자극을 검출하는 데 한계가 있다. 왜냐하면 감지 수준은 상태에 따라 변화하게 되고 모든 정보를 완전하게 감지하지 못하는 상황이 있을 수도 있으며, 정보를 처리하는 데 있어서 인적오류를 발생시키는 요인이 될 수도 있기 때문이다. 예를 들면 주변 상황에 대해 오인하여 잘못 보거나, 의사소통에 있어서 빼놓고 듣는 등의 경우이다.

(2) 판단 및 의사결정의 단계

감각기관에서 인식한 정보는 주의를 배분하는 데 있어서 취사선택되고, 이것이 자기 자신의 기억과 조합되어 행동이 결정된다. 이러한 과정에서는 훈련, 경험, 각오, 긴장, 외부의 정신적 압력, 신체의 상황 등이 정보처리에 영향을 주게 되며, 이로 인해 적절하지 못한 경우에는 인적오류의 요인이 되기도 한다.

기억은 정보처리의 과정에서 매우 중요한 인자로, 장기적인 기억과 단기적인 기억으로 구분된다. 단기적 기억은 처리과정에서 순차적으로 해결하기 위하여 일시적으로 저장된 기억으로서 처리할 때에 빠르게 꺼내 활용 가능하지만, 장시간 보존되지 않고 기억할 수 있는 용량이 작다. 반면, 장기적 기억은 과거의 경험과 학습의 결과물로 얻어진 지식과 정보가 축적된 것이기 때문에 그것을 참조해서 계획적인 행동이 가능하게 된다. 일반적으로 장기적 기억은 용량이 크고 오랜 기간 동안 기억이 보존되지만, 경우에 따라서 머릿속에서 꺼내는 시간이 다소 걸리는 편이고, 오랜 시간 동안 사용하지 않으면 기억이 변형되거나 쉽게 잊어버릴 소지가 있다.

주의 활동 혹은 의식적 활동은 사람이 적절하게 정보를 처리하는 과정으로서 필요한 것이지만, 한편으로는 그러한 활동 때문에 분배가 되지 않은 정보가 무시되거나, 경우에 따라 한쪽으로 치우치게 되는 문제가 발생할 소지가 있다. 또, 변화가 적은 대상의 경우, 오랜 시간 동안 주의력을 집중하기가 어려우며, 주의력 분배의 옳고 그름을 판단하는 것은 인적오류 발생에 크게 관여될 수 있는 부분이다.

(3) 출력단계(행동)

기억에 조합하여 의사결정이 결정된 결과는 행동 및 동작을 통해서 외부로 표현된다. 행동의 과정에서도 인적오류가 발생하는 경우가 있다. 예를 들어 평범한 행동이 관습화되어 특별한 경우에도 자동적으로 적용돼 버리면 의도하지 않은 결과가 나올 수도 있다. 이 일련의 행동에 대해서는 의식의 정도·감정·정서 등의 영향이 매우 커지게 된다. 무의식적인 행동이라고 할지라도 충분히 주의를 기울인 행동에서는 인적오류가 발생하는 비율이 줄어들 수도 있다는 것이다. 또한, 극도의 긴장은 한쪽으로 치우쳐서 행동하거나 패닉 상태를 유발, 냉정한 판단이 불가능하게 되어 결과적으로 인적오류를 발생시킬 수 있는 소지가 많다.

3) 인간행동 수준

정보처리에 있어 인지부터 행동에 이르는 모든 일련의 과정에 대해서 모두 동일하게 수행하고 이해하는 것이 아니라 내용에 있어서 어느 정도 단계적으로 이해하는 것이 훨씬 용이하다.

덴마크의 연구자 라스무센(Rasmussen)은 [그림 2-8]의 정보처리 모델을 3단계로 분리하여 정보처리이론을 주장한 바 있다. [그림 2-9]와 같이 나타낸 이 모델은 각 행동 수준(Skill, Rule, Knowledge)의 첫 글자를 따서 'SKR 모델'로 불리고 있다.

① 반사 조작 수준의 행동(Skill level)

늘 반복하여 수행되는 행동이다. 이와 같은 행동은 대부분 무의식중에 자동적으로 수행되며 기억과 지식을 조합하여 행동을 결정하는 과정을 거치지 않는다.

② 규칙 수준의 행동(Rule level)

반사 조작 수준의 행동 정도는 아니지만 비교적 익숙한 작업에서 몸에 익숙한 습관·규칙 등에 따라서 수행되는 행동이다. 자신의 기억·지식과 조합, 정확하게 정보를 처리하기 위하여 반사 조작 수준의 행동보다는 더 많은 시간을 필요로 한다.

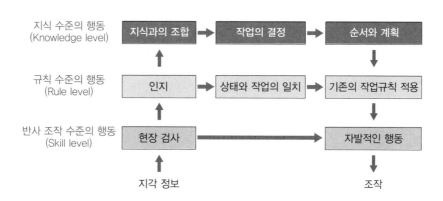

[그림 2-9] 3단계 행동 수준에 따른 정보처리 모델(Rasmussen)

③ 지식 수준의 행동(Knowledge level)

통상 경험해 보지 못한 사태에 대한 행동으로서 평소와 다른 사태 혹은 긴급 사태 등 자신의 지식을 통해 문제 해결을 해야 하는 경우에 수행되는 행동이다. 이를 위해 충분한 지식을 가지고 있거나, 새롭게 조사하여 적절한 정보를 취득해야만 한다. 따라서 규칙 수준의 행동보다는 더 많은 시간을 필요로 한다.

이와 같이 인간의 행동을 3가지 단계로 분리해서 고찰해 보면 평소에 발생하는 업무는 그 업무 내용에 따라 다양한 수준으로 처리되고 있는 것을 알 수 있다. 그러나 본래 지식 수준에서 처리되어야 하는 작업이지만 규칙 수준 혹은 반사 조작 수준에서 수행되는 경우, 적절한 판단에 의해 행동 결정이 수행되지 않았기 때문에 그 결과 인적오류가 될 수 있다. 본래 규칙 수준에 있는 작업이 반사 조작 수준에서 수행된 때에도 동일하게 인적오류가 될 수 있다. 이와 같이 정보가 적절한 수준에서 처리되지 않은 경우에 인적오류가 발생한다는 것을 알 수 있다.

[그림 2-8], [그림 2-9]에 표현된 정보처리 모델은 인간의 정보처리 과정을 간략하게 표현한 것으로, 그러한 정보처리 모델을 토대로 많은 연구자에 의해 정보처리 모델이 수정되고 발전되어 왔다. [그림 2-10]은 인간의 행동을 기초로 한 구로다(Kuroda) 박사의 '구로다 모델'(Kuroda model)을 나타내고 있다. '구로다 모델'은 정보처리 속도와 관련되어 있으며, 인간의 기능을 이해하기에 유용한 모델이다.

[그림 2-10]에 의하면 인간은 어느 정도 특징적인 기능을 가지고 있다. [그림 2-10]에서 나타낸 처리속도는 최고의 상태를 표시한 것으로, 평소에 이러한 속도로 처리할 수 있는 것은 아

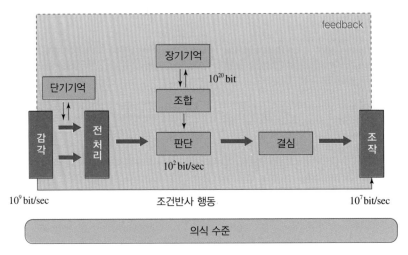

[그림 2-10] Kuroda 모델(인간의 행동)

니며, 상황에 따라 혹은 감각기관에 따라 개인차도 존재한다. 감각기관 중에서는 시각이 정보를 인식하는 양이 가장 많으며, 청각이 다음으로 많은 양을 가진다.

① 감각기관은 한 번에 많은 양의 정보를 취득할 수 있다. 그러나 개인이 가지고 있는 지식과 조합해서 판단하는 기능의 처리속도는 감각기관과 비교하여 현저히 느리다.

② 게다가 일반적으로 단일 채널에서 동시에 복수의 정보를 처리하는 것은 어렵다.

③ 그리하여 많은 양의 정보를 처리하기 위해서 입력정보를 일시적으로 단기기억으로 보관하고, 긴급한 정도 혹은 중요도 등을 생각하여 순차적으로 전 처리과정을 수행한다. 그러나 단기기억은 기억할 수 있는 용량이 적고 보관하는 시간이 짧으며, 외부로부터 추가적인 정보의 유입 및 상황 변화 등에 의해서 잘못 처리되거나 기억이 사라지는 경우도 있다.

④ 본격적인 정보처리를 위해서 참조되는 장기기억은 경험·교육 등에 의해서 기억 용량을 늘릴 수 있다.

⑤ 이러한 장기기억과 입력정보를 조합하여 행동을 결정하지만 이 과정에서 잡음이 개입되는 경우가 있다면 오래된 기억 및 적절하지 못한 기억을 끄집어내어 잘못된 판단을 할 가능성이 있다.

⑥ 최후의 행동(조작)에 있어서도 판단 결과와 행동이 올바르게 결부되지 않으면 이 단계에서 인적오류를 범하게 된다.

이와 같이 인간의 행동에 대해 고찰해 보면 그 과정은 단순한 것이 아닌 여러 단계에서 인적오류가 발생할 요소가 분명히 존재한다는 것을 알 수 있다. 추가적으로 기계와 달리 인간의 신뢰성은 동일 조건이라고 할지라도 항상 일치하지는 않는다. 이것에 큰 영향을 주는 것으로는 의식의 수준이 있다. 이것은 주의력의 정도라고 이야기하며, [그림 2-10]의 '구로다 모델'에서 정보처리 속도와도 밀접한 관계가 있다. 의식 수준에 따라서 행동의 신뢰성, 거꾸로 말하자면 인적오류의 발생 확률이 크게 변화할 수 있다는 것이다.

하시모토(Hashimoto)는 이것을 수면 상태의 수준(단계 0)부터 초긴장 상태(단계 Ⅳ)까지 5개의 단계로 분류하였는데, 이것을 [표 2-2]에서 자세히 확인할 수 있다.

[표 2-2] 의식 수준과 신뢰성(Hashimoto)

단계	의식 모드	주의 작용	생리적 상태	오류 비율	뇌파 변화
0	무의식, 실신	없음	수면, 뇌 발작	최대	δ파(0.5~3.5 Hz)
I	의식 저하 (subnormal)	inactive	피로, 졸음, 술 취함.	0.1 이상	θ파(4~7 Hz)
II	정상, 보통 (normal, relaxed)	passive	안정, 휴식, 안정적 작업 시	0.01~0.001	α파(8~13 Hz)
III	정상, 긴장 (normal, clear)	active	적극적 작업 시	< 0.0001	β파(14~25 Hz)
IV	긴장 (hypernormal excited)	특정 부분에 집중, 판단 중지 작용	긴급 상황, 패닉 상태	0.1 이상	β파 또는 간질파

즉, 의식이 없는 상태를 단계 0으로 해서 각성하는 정도에 따라서 단계 I부터 통상의 상태인 단계 II가 되고, 더욱더 주의력이 높아지게 되면 단계 III이 된다는 것이다. 단계 III의 상태가 되면 인적오류의 발생 확률은 가장 낮아진다. 그러나 의식이 더 높아져 초긴장 상태인 단계 IV가 되면 이것은 이미 패닉 상태에 빠져 정상적인 판단을 수행하기 어려워지게 된다. 따라서 단계 III의 상태가 가장 이상적인 상태이지만 이 상태를 오랜 시간 동안 유지하는 것은 어려우며, 일반적으로는 15~30분 정도 그 이상 시간이 경과하면 단계 II 이하의 상태로 저하된다고 보고 있다. 이러한 경향은 단순작업 및 동일한 검사작업을 장시간 연속적으로 수행할 경우 등에 특히 유의할 필요가 있다. 다만 단계 II 이하의 상태로 일단 저하되었다고 하더라도 적당한 휴식 및 다른 작업으로의 전환 등에 의해 다시 단계 III의 상태로 가능하다. 따라서 작업계획을 적절하게 구성하면 인적오류의 발생률을 저하시킬 수 있다고 보는 것이다.

4 인적오류의 관리

인적오류의 발생과 그 영향을 최대한 줄이기 위한 구체적인 방법은 다음과 같다.

① 인적오류의 발생 자체를 줄이는 방법
  ㉠ 작업자의 인적오류가 발생하기 어렵도록 기자재 또는 공구의 설계
  ㉡ 적절한 지침서 및 매뉴얼의 설정

   © 작업성의 개선

   © 작업자가 안정적으로 작업할 수 있도록 작업장 환경 조성

   © 충실한 교육 및 훈련

   © 작업자의 적절한 현장 배치

  ② 발생한 인적오류를 일찍 발견하여 확대를 방지하는 방법

   ㉠ 작업 후 철저한 자기 확인(self check)

   ㉡ 작업자 이외의 사람에 의해 이중 확인 실시(double check)

   ㉢ 작업 후 작동시험 및 기능시험을 통한 추가 확인(recheck)

   ㉣ 연속적인 기능 및 상태 감시(monitoring)

  ③ 인적오류를 일찍 발견하지 못하였더라도 파국적인 상태에 이르지 못하도록 시스템을 설계 또는 구축하는 방법

   ㉠ 시스템을 다중화해서 하나의 시스템이 고장나더라도 남은 시스템에서 기능을 연속적으로 유지할 수 있도록 여유성을 가지는 설계(fail-safe의 개념)

   ㉡ 구조부에서 발생한 손상 및 균열이 위험한 수준으로 확대되기 전에 발견할 수 있도록 시간적으로 복수의 검사를 하도록 설정한 검사 프로그램

  이러한 방법들은 기존에 이미 인적오류의 방지 혹은 감소의 대책으로 사용되어 왔다. 그리고 이러한 방법을 조합한 다양한 대책이 마련되어 인적오류의 발생 방지 혹은 위험 회피에 유용하게 사용되고 있다.그러나 이러한 대책들은 주로 작업자 개인의 인적오류를 대상으로 한 국부적인 것이 많기 때문에 최근에는 이러한 개인의 인적오류에 대한 대책뿐만 아니라 배후에 있는 요인까지도 해결할 수 있도록 하는 조직적인 대책이 중요하게 고려되고 있다.

  따라서 최근에는 인적오류의 대응과 관련, 국제적으로 새로운 방안들이 시도되고 있다. 기존에 있던 인적오류의 방지 및 오류를 관리하는 방법과 더불어 '위협관리'(threat management)에 대한 개념이 추가되기 시작한 것이다. 이는 인적오류가 지속적으로 확대되기 때문에 그러한 오류를 발생시키기 쉬운 상황을 조기에 발견하여 미연에 대책을 강구하는 방법이다.

  '위험상태'(threat)는 다양한 정보에 있어서 인적오류를 유발시키는 위협인자를 말한다. 이것을 특정지어 사전에 그 영향을 저감 또는 삭제하여 인적오류의 발생 가능성을 경감시키는 일련의 과정을 위협관리라고 부르고 있다. 항공기 운항의 분야에서는 LOSA(Line Oriented Safety Audit)라고 해서 조종실에 조종사와 별개로 관찰자가 추가로 탑승, 일반적으로 비행 중에 경험되는 인적오류의 시작이 될 수 있는 위험상태(threat)를 관찰 후 데이터 처리하여 대책에 반영시키는 방안도 수행되고 있다. 일반적으로 '위협관리'가 단독으로 수행되는 경우는 극히 적으며,

기존에 인적오류를 줄이기 위해 사용되는 인적오류 관리기법과 합하여 위협 및 오류관리(TEM: Threat and Error Management)기법, 즉 TEM이라고 불리는 방법이 많이 사용되고 있다.

항공안전과
환경적 요인

Human Factors in Aircraft Maintenance

안전을 '사고가 없는 것'이라고 생각하는 것은 옳지 않다. 인명사고가 발생하지 않은 현장에서도 무언가의 위험성이 잠재하고 있을 가능성이 있다. 그러므로 안전을 보다 정확하게 표현한다면 '위험성이 존재하지 않는 것'이라고 말할 수 있다. 또한, 위험이라는 것은 인명사고의 유발 혹은 그 원인이 되는 가능성을 가지고 있는 환경 및 상태까지도 포함된다. 완전히 위험성이 없는 작업은 없으나 현장의 위험요소를 가능한 한 없애고, 사고 발생의 가능성을 감소시키는 것은 가능하다.

안전이라는 요소는 사람이라는 인자가 포함되기에 매우 복잡한 것이다. 항공안전, 작업자의 안전, 건강 등의 3가지 요소는 아주 밀접한 상호관계가 있다. 당연히 항공안전은 항공종사자에게 있어서 가장 중요한 과제라고 할 수 있다. 안심하고 작업을 수행할 수 없는 현장에서는 부상사고 발생의 우려가 있고, 또 작업자의 건강에 문제가 있다면 작업의 품질도 저하되며 모든 종류의 인적오류의 발생을 증가시키는 요인이 된다. 항공종사자가 이러한 경우에 해당되는 경우, 항공기 안전성에 매우 큰 영향을 주게 된다. 따라서 안전을 생각할 때 공공의 안전과 현장의 안전을 쌍방향에서 고려해야만 한다. 이것은 단순히 한 사람의 작업자만의 문제가 아닌 것이다.

안전과 인적오류의 관계는 다음과 같이 이야기할 수 있다.

① 인명사고의 요인에는 항상 어떠한 인적오류가 존재한다.
② 모든 산업에서 발생하는 크고 작은 인명사고의 50~90%는 인적오류에 기인한다.
③ 인적오류에 설계와 관련된 문제는 포함되지 않는다.
④ 모든 습관·풍습·풍토 등에 기인하여 발생하는 사고는 인적오류와 관련 있다.
⑤ 이러한 원인에 의한 사고는 남녀노소 관계없이 발생할 소지가 있다.

1) 안전문화의 개념

복잡한 시스템에 대한 지식을 가지고 있다는 것은 인적오류의 발생을 어느 정도 감소시킬 수도 있다. 그러나 인적오류의 발생을 정면에서 대응하는 것에 있어서, 조직은 어떻게 하면 인적오류를 피할 수 있는지를 가르치는 것만이 아닌 작업자 전원이 안전성을 향상시킬 수 있도록 기업문화와 환경을 구축해야 할 필요가 있다. 이를 '안전문화'라고 부른다.

안전문화를 구축하기 위해서는 조직에서 최상위에 있는 관리자는 다음과 같은 생각을 갖출 필요가 있다.

① 안전문화에 필요한 기준·목표를 정하고, 그것을 위해 필요한 자원을 갖춘다.
② 안전한 작업을 실시하는 표준화된 방법을 개발하고 추진한다.
③ 어떤 기간을 한정하여 확실하게 안전한 작업을 수행한 작업자를 표창할 수 있는 프로그램을 제작한다.

대표적인 항공기 정비작업에 대한 프로그램으로는 MRM(Maintenance Resource Management)이라는 항공정비사를 대상으로 하는 인적요인과 관련된 훈련 프로그램이 있다. MRM은 작업 안전성의 향상과 인적오류 발생 감소라는 두 가지 효과가 있는 프로그램이다. 이러한 교육 및 훈련에는 모든 수준의 작업자가 참가하는 것이 바람직하다. 그리고 이를 위해서는 관리자의 강력한 지원과 이해가 있어야 하며, 그 결과로 충분히 효과적인 훈련이 될 수 있다.

2) 작업자의 건강과 안전

항공기 정비작업을 하는 환경에는 필연적으로 많은 위험성이 존재한다. 예를 들면 다양한 물리적인 대책이 수립되었다고 하더라도 그와 관계없이 작업대에서 추락하는 사고는 좀처럼 감소하지 않고 있다. 이는 대부분 상황 인식이 충분하지 못한 것에 기인하고 있다. 현장에서는 모든 가능성이 존재하고 있다는 것을 반드시 유의해야 한다.

또한, 작업자의 심신의 건강은 그 능력의 발휘에 직접적 영향을 준다. 그런데 작업자의 심신에 어떤 문제가 있는지에 대해 겉으로 보면 판단하기 어려울 때가 많다. 특별한 경우를 제외하고 통상 작업자가 그 작업에 적합하게 일하고 있는지에 대해 정기적으로 의학적인 검사를 하는 경우는 흔하지 않다. 그 때문에 문제가 있을 법한 작업자에 대해서 동료 혹은 상사 및 관리자가 '그 작업에 잘 견디고 있는지', '다른 업무를 대신하는 것이 좋은지', '회복할 때까지 휴식을 부여할지' 등에 대한 결정을 하게 된다.

한편, 건강은 직업으로서 업무를 수행하는 사람에 있어서 중요한 요건이다. 관리자는 심신의 건강에 영향을 주는 요인이 지극히 많이 있다는 것을 알아 둘 필요가 있다. 그러나 어떤 개인에게는 영향을 미치는 것이라고 할지라도 다른 사람에게는 영향을 미치지 않을 수 있으며, 특정한 시기와 관계하는 문제에 대해서도 그 대응은 신중하게 수행할 필요가 있다.

특히, 피로는 작업 중 인적오류의 발생과 밀접한 관계가 있다. 일반적으로 작업자의 능력은 업무시간 중에서 특정한 작업을 장시간 연속적으로 하는 경우에 신체기능과 함께 이해력·주의력이 크게 저하되고, 피로와 함께 인적오류 발생률을 증가시킬 수 있다고 말한다. 이것을 방지하기 위해서는 적절한 간격의 휴식시간을 지정하고, 기능을 회복할 수 있도록 하는 것이 매우 중요하다.

다음은 작업자가 작업을 수행하는 데 있어서 고려해야 할 사항이다.

① 체력을 필요로 하는 작업과 지식을 필요로 하는 작업을 번갈아 편성한다.
② 고도의 지식을 필요로 하는 작업과 비교적 적은 지식으로 해결되는 작업을 번갈아 가면서 수행한다.
③ 시간이 많이 소요되는 작업과 단시간에 끝낼 수 있는 작업을 번갈아 가면서 수행한다.
④ 장시간 일정한 자세를 유지해야 하는 작업을 할 수 있을 만큼만 지정하여 수행하고 그에 맞는 작업장 환경을 설계한다.
⑤ 연속적인 감시작업(특히, 기계가 주도하는 작업)의 경우, 작업자의 휴식시간은 충분히 검토해서 결정(인간의 감시능력은 1시간 경과 시 극단적으로 저하)한다.
⑥ 일반적으로 짧은 주기의 휴식시간을 설정하는 것이 한꺼번에 긴 시간 동안 휴식을 부여하는 것보다 작업의 정확도가 증가한다.

이러한 것들을 고려하여 작업을 지시하고 설계함으로써 작업 시 인적오류 발생의 가능성을 줄일 수 있다.

3) 항공기 정비환경의 위험성

항공기 정비환경에는 필연적으로 위험요소가 잠재되어 있다. 따라서 일상작업에서는 늘 그것에 유의할 필요가 있다.

(1) 요통

정비작업에서는 무거운 물건을 운반하고 장·탈착하는 등의 업무가 수행된다. 그와 같은 경우, 무리한 작업이 될 수 있고 올바르지 못한 자세에서 작업하기 쉽기 때문에 경우에 따라서 허리 통증이 발생할 가능성이 높다. 과한 무게의 중량물의 이동 및 운반 시에는 무리하지 않고 보조기구 등을 사용하는 것이 바람직하다. 또한, 작업 자세에도 충분히 주의를 기울일 필요가 있다.

(2) 심장질환

특히, 고혈압 및 심장질환은 정비작업에 있어서 항상 발생하는 문제점은 아니지만 작업자의 평균 연령이 높아진 경우에 발견될 수 있는 증상이다. 이와 같은 질환이 있으면 작업자의 능력에도 영향을 주게 된다. 이를 개선하기 위해서 작업자는 일상생활에서 식사 및 운동 등 각자의 건강 문제에 대한 올바른 자기관리가 필요하다.

(3) 소음

작동하고 있는 엔진의 근처, 혹은 리벳 작업이 수행되고 있는 작업장 내부 등 항공기 정비환경으로 인해 항공정비사는 소음이 큰 공간에서 생활하게 된다. 지속적으로 소음이 큰 환경에서 지내는 경우, 일시적 혹은 계속적인 청각장애가 유발되기 쉽다. 일반적으로 허용할 수 있는 소음 수준은 70~75 dB 정도이다(리벳 작업은 작업자의 위치에서 볼 때 약 110 dB 정도이다). 따라서 110 dB을 초과하는 장소에서는 귀를 보호하는 보호구 착용에 신경을 써야 한다.

(4) 화학약품

항공기 정비에는 위험성이 있는 화학약품 및 재료가 사용된다. 이와 같은 약품 및 재료는 충분한 교육 및 훈련을 받고 정해진 지시에 따라서 신중하게 취급해야만 한다.

(5) 그 외 위험물

항공기 정비작업을 수행할 때에 높은 장소에서 작업하는 경우가 있다. 이러한 경우, 작업대에서 추락하거나 미끄러지는 등의 사고 사례도 상당히 많이 보고되고 있다. 그리고 위험물로 분류되지 않은 약품 및 재료도 취급을 잘못하면 부상의 원인이 될 수 있다. 또한, 부적절한 공구의 사용도 동일하게 사고의 원인이 될 수 있다.

2 스트레스

1) 스트레스의 자각과 관리

항공기 정비업무는 스트레스를 많이 받는 업무이다. 그리고 그 스트레스는 인적오류를 유발하는 요인이 되고 있다. 스트레스라는 단어는 원인과 결과, 2가지 단계 모두에서 사용된다. 일반적으로 스트레스는 '어떤 작용하는 것에 의해 무언가의 변화를 주는 원인이 되는 힘'이라고 정의된다. 이때 힘의 의미는 신체적·심리적 혹은 사회적인 압력 등을 뜻한다.

스트레스는 일반적으로 생활환경에 있어서 신체적·심리적 환경의 변화에 대한 반응으로 표현된다. 스트레스는 반드시 싫어하는 일의 결과에만 한정하지 않는다. 결혼식 또는 자녀의 출생 등 환영할 만한 일에서도 스트레스는 발생된다. 다만, 스트레스가 모든 기능을 저하시키는 것만은 아니다. 확실히 크게 작용하는 스트레스는 인간의 기능 저하를 초래하지만, 반면 스트레스가 너무 적은 환경도 기능을 저하시키게 된다. 따라서 그 가운데에 기능을 최대로 발휘시킬 수 있는 스트레스의 수준이 존재한다. 스트레스로부터 완전히 회복하는 것은 불가능하지만, 스트레스의 영향을 줄이기 위하여 스트레스를 관리하는 것은 가능하다.

스트레스 관리를 위한 효과적인 방법은 다음과 같다.

① 이론적인 관리

혹시 일에 있어서 강한 스트레스를 느끼는 경우, 일시적으로 그것을 중지하는 것도 생각해 보아야 한다. 감정적으로 대처해서는 안 되며, 잠깐 다음의 단계를 생각해 보는 것도 좋다.

㉠ 이전에 같은 일이 있었는가?

㉡ 만약 그렇다면 그때 어떻게 했던가? 어떻게 하는 것이 좋았던가?

㉢ 그러한 경험이 없다면 그것을 해결하는 가장 좋은 이론은 어떤 것인가?

특히, 감정적으로 생각하지 않도록 유의해야 한다.

② 즉각 행동하는 것

만약 보다 좋은 방법이 발견된다면 바로 행동에 옮긴다.

③ 현실적인 관리

㉠ 모든 것이 좋은 쪽으로 간다는 기대를 하지 않는다.

㉡ 매사에 유연하게 대응한다.

④ 휴식 취하기

문제가 발생하고 해결하는 방법이 발견되지 않는 경우, 잠깐 중단해 보는 것도 좋다. 해결책은 반드시 존재하지만, 문제에 지나치게 집중하면 그 해결책이 보이지 않게 된다. 조금 휴식하고, 기분 전환을 하는 것도 효과적이다.

⑤ 다른 사람과 이야기하기

친구·배우자·동료 등에게 이야기를 해 본다. 그들은 자신이 생각하지 못한 어떤 해결책을 가지고 있을지도 모른다.

⑥ 순서 붙이기

문제를 해결하기 위한 순서를 붙인다. 모든 문제의 중요도가 동일한 것은 아니다.

⑦ 크게 걱정하지 않기

    ㉠ 스트레스를 해결하는 방법을 찾아본다. 만약 그것이 현실적이라면 이론적으로 도전한다. 그러나 그것은 자신의 능력 범위를 벗어난 것일지도 모른다.

    ㉡ 만약 상황이 자신의 한계를 초월했다고 생각되면 그것을 확실하게 인식한다. 상황이 나빠져도 자신은 견뎌낼 수 있다고 생각한다. 상황이 변할 수 없는 것이라면 거기서 만큼은 스트레스를 의식하지 않도록 한다. 상황은 변하지 않지만 조금이나마 스스로에게 위안이 된다.

⑧ 처음 결정했던 대로 업무 수행하기

    ㉠ 만약 외부에서 무언가 압력을 느껴도 처음 결정했던 일은 충분히 시간을 투자해서 수행하는 것이다. 이것은 나중에 시간을 절약할 수 있게 하고, 결국 걱정거리가 사라지게 된다.

    ㉡ 만약 작업지시서에 따라 올바른 작업을 했다면 누구라도 그것을 비난할 수 없을 것이기에 스스로도 자신감을 가질 수 있다.

⑨ 그 외 스트레스 관리방법

    ㉠ 필요한 휴식을 취한다.

    ㉡ 스스로를 인정한다. 스스로 현실적인 자신의 목표를 세우는 것이다. 만약 거기에 성공한다면 자신에게 상을 줄 수 있다. 그것이 작은 것이라도 미래의 자신에게는 도움이 된다.

    ㉢ 유머를 가진다. 상황에서 유머를 발견한다. 웃음은 최고의 스트레스 해결책이다.

2) 항공기 정비와 스트레스

항공기의 정비업무는 스트레스를 많이 받는 업무이며, 정비환경에 관련해 여러 가지 스트레스가 있다.

(1) 교대작업

교대작업에 종사하고 있는 항공정비사는 업무 형태 및 작업계획 등의 조정이 충분하지 않기 때문에 그로 인하여 스트레스의 영향을 받는다.

(2) 인간의 생명에 대한 책임감

항공기 안전이 조종사·승무원·승객들의 안전에 관련된 일이기에 그에 대한 큰 책임감을 느낀다.

(3) 시간의 압력

항공기 정비는 정해진 시간과의 전쟁이다. 이는 작업자에게 큰 정신적 압력이 된다.

(4) 업무 과부하

업무의 과부하는 시간과 동일하게 스트레스의 요인이 된다. 이것은 단순하게 작업이 지나치게 많아서 발생하는 것뿐만 아니라 작업자가 충분한 지식을 습득하지 못했다거나, 업무를 소화할 능력이 충분하지 못한 경우에도 동일하게 적용된다.

(5) 지나치게 적은 업무

과부하와 반대로 지나치게 업무의 양이 적어도 스트레스가 된다. 예를 들면 소방관이 화재 발생에 대비하여 항상 대기하고 있는 것과 같은 경우와 같다고 볼 수 있다. 이러한 상황도 스트레스가 된다.

(6) 작업환경

풍족하지 못한 작업환경, 특히 항공기 정비 시 야외작업은 항공정비사에 있어서 스트레스가 된다. 비·눈·기온 등의 기상현상 및 큰 소음이 있는 환경 등은 항공정비사의 능력 발휘에 큰 영향을 준다.

(7) 고용의 불안

항공산업에서 항공종사자를 포함한 모든 산업에서의 근로자는 항상 어떤 문제에 의해 고용 불안을 느낄 수 있다. 해고 및 실직의 불안이 크다면 스트레스와 인적오류의 증가에 큰 영향을 줄 수 있다.

(8) 작업조건

항공정비사는 다양한 조건에서 작업해야 한다. 예를 들면 오랜 시간 동안 계속적으로 작업을 해야 하는 것과 같이 스트레스가 발생하기 쉬운 환경에서는 충분히 유의하여야 한다.

(9) 사람과의 관계

항공정비사는 단독으로 업무를 수행하기도 하지만 다른 사람과 협업을 통해 업무를 수행하게 된다. 만약 그 관계가 좋지 않다면 작업뿐만 아니라 자기 자신에게도 좋지 않은 영향을 줄 수 있다.

3) 생활 패턴과 바이오리듬

생명체의 활동은 그 내부의 메커니즘에 의해 제어되고 있는 일정한 리듬을 따라간다. 척추동물은 뇌세포의 가운데에 이른바 생체시계를 가지고 있으며, 주기적인 활동은 그것에 의해서 제어되고 있는 것이라고 생각된다.

인간의 신체 활동은 인간의 주기적인 감각에 기인하여 자연 상태에 있으면 통상 25~27시간 주기로 반복된다. 그러나 일상생활이 24시간 단위로 이루어져 있는 것은 지구의 태양 자전현상에 의해 항상 24시간 후에 복구되기 때문으로 알려져 있다. 여기에 맞춰 1일을 주기로 하는 생리적 리듬은 일간 변화 리듬(circadian rhythm)으로 불리고 있다. 인간의 체온의 변화도 이러한 리듬의 대표적인 한 가지 사례로 들 수 있다. 체온은 1일을 단위로 해서 기상·취침을 반복하는 경우, 24시간을 주기로 약간의 체온 변화가 있다.

[그림 3-1]은 하루를 주기로 했을 때, 인체의 체온 변화에 대한 것이다. 주간에 활동하고 야간에 수면을 하는 일반적인 행동에서 체온은 새벽 전에 가장 낮아지고, 주간에는 오후에 최대로 높아지는 것을 알 수 있다. 일반적으로 신체의 모든 기능, 특히 사람의 주의력은 체온 변화와 관계가 있으며 체온이 낮아질 경우에 주의력도 저하되기 쉽다. 따라서 [그림 3-1]의 경우와 같이 주간에 항공기 정비작업을 하는 경우는 주의력이 비교적 높은 상태에서 작업이 수행되고 있다고 볼 수 있다.

교대근무 및 업무에 따라 시간대가 변하는 근무 형태를 '시프트 근무'라고 부른다. 대부분의 민간 항공사에서는 항공기의 정비작업을 일상적으로 야간에 수행하고 있다. 또한, 대규모의

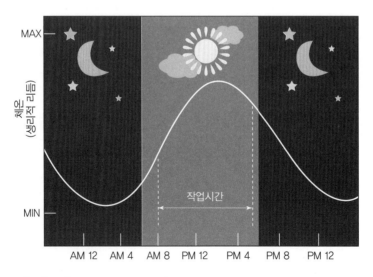

[그림 3-1] 시간에 따른 체온 변화(주간작업 시 비교적 높은 체온 = 주의력 상승)

정비작업도 교대근무에 의해 야간 시간대를 포함해서 연속성을 가지고 수행되고 있는 경우가 많다. 이와 같은 경우에 작업자의 기능을 고려해서 작업계획 및 근무 형태를 설정하지 않으면 기대한 효과가 나오지 않으며, 작업의 질도 저하될 가능성이 있다.

야간근무 시에 많은 문제가 발생하는 것으로 알려져 있는데, 이는 시간의 주기에 따라 변화되는 외부 환경에 대해 신체의 리듬을 맞추기 위한 생물학적 주기가 엇갈리는 것과 깊은 관계가 있다. 통상 이러한 엇갈림이 3시간 정도이면 비교적 적응하기가 용이하지만, 3시간을 초과하게 되면 내부의 기능이 맞춰지는 것이 매우 어렵다. 대표적인 사례로 해외여행에서 경험하게 되는 시차감각(jet lag)이 있다.

야간근무 시 주된 문제는 인적오류 발생률의 증가, 피로, 스트레스, 과실 증가, 생산성 저하 등이 있다. 또한, 선잠(가면 상태)이라고 알려진 수면장애의 경우, 각성 후 어느 정도 시간이 지나지 않으면 신체는 충분한 기능을 발휘할 수 없다. 그리고 복잡한 두뇌 활동을 요하는 작업을 할 때는 더 많은 시간을 필요로 한다. 인체의 기능이 저하된 상태에서 깨어날 때에도 영향을 받고 수면 부족을 호소하게 된다.

[그림 3-2]에서 야간작업을 할 때 시간에 따른 체온 변화를 살펴보면 체온이 떨어지면 확연하게 주의력이 저하되는 것을 확인할 수 있다. 이들 문제는 외부적인 환경과 신체의 주기가 엇갈리게 되는 것에 원인이 있다.

그러나 인체의 특성을 고려, 급격하지 않고 조금씩 조정하게 되면 사람은 새로운 환경에 곧바로 적응하는 것이 가능하다. 물론, 사람의 생리적인 메커니즘을 크게 변화시키는 것은 불가능하지만, 이와 같이 변화하는 환경에 대해 휴식, 숙면, 적절한 운동, 식사 등의 균형 및 시간을

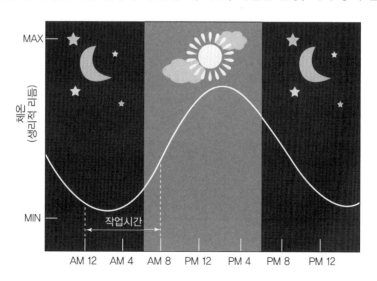

[그림 3-2] 시간에 따른 체온 변화(야간작업 시 비교적 낮은 체온 = 주의력 저하)

활용하는 방법 등의 생활 리듬을 조절하여 보다 적절하게 대응하고 처리하는 방법을 연구한다면 교대근무에 쉽게 적응하고 현장에서의 인적오류 및 부상을 감소시키는 데에 유용할 것이다.

3 환경적 위험요인과 상황 인식

1) 작업 위험성의 분석

작업 위험성의 분석이란 작업장의 위험 상태를 확인·경감하는 데에 있어 기본이 되는 방법이다. 여기에는 작업 상황의 기록 및 중요 현상 보고가 이용된다. 또한, 비디오 분석과 같은 관찰기법도 이용된다. 이것에 의해서 위험 상황에 대해 특정지을 수 있다면 위험성 평가를 수행하게 된다. 이 단계에서는 비디오테이프를 사용하는 방법으로 작업자의 행동을 분석하기 때문에 직접 무게와 각도·온도 등을 측정하는 등의 분석이 수행된다. 예를 들어 공장에서 작업하는 작업자가 직면하는 가장 일반적인 위험한 작업의 한 가지로 무거운 물건을 들어 올리는 작업이 있는데, 이를 조사·평가하는 방법으로 미국 국립산업안전보건연구원(NIOSH: National Institute for Occupational Safety and Health)이 자랑하는 작업평가공식이 있다. 이것은 과거의 부상 사례에 관한 장기적인 조사 결과를 통해 작성된 것이다. [그림 3-3]에서 나타낸 것과 같이

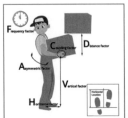 

Recommended Weight Limit(RWL) = LC×HM×VM×DM×AM×FM×CM

LC	Load Constant	H = Horizontal Location
HM	Horizontal Multiplier	
VM	Vertical Multiplier	V = Handgrip Height
DM	Distance Multiplier	
AM	Asymmetry Multiplier	D = Vertical Distance of Lift
FM	Frequency Multiplier	
CM	Coupling Multiplier	A = Angle of Asymmetry

[그림 3-3] NIOSH의 작업평가공식의 활용방법

작업평가공식을 활용하여 작업의 위험성을 평가할 수 있다.

이러한 검증에 의해 적절하게 설정되어 실행된 안전 프로그램은 효율적으로 안전한 현장환경의 기초가 되지만, 충분하지 못한 안전 프로그램은 시간 및 비용을 낭비할 뿐만 아니라 경우에 따라서는 위험성을 증가시킬 수 있는 우려도 있다.

이러한 프로그램을 실시하는 것 이상으로 사전에 고려돼야 할 사항들은 다음과 같다.

① 사람에 관한 문제 : 행동, 동기 부여, 의복(보호장구), 적합성, 만족도, 숙련도, 교육·훈련, 작업자의 소외감 및 존재감 등
② 작업 구성상의 문제: 작업 구성의 단조로움 및 변화, 자세, 정신적 부담, 작업의 난이도, 운반 등
③ 공구 및 장비의 문제 : 수동공구, 작업지원설비, 전자기기, 차량장비, 격납고, 작업장 등
④ 설비 및 환경의 문제 : 조명, 소음, 온도, 정리정돈, 보행, 인원 및 장비의 출입, 계단 등

그러나 여러 가지 사항들을 잘 고려한 우수한 프로그램조차도 재료, 작업공정, 작업계획, 공구와 시험장비의 변경, 작업자의 숙련도 및 경험에 따라 변화될 수도 있다. 따라서 안전성의 유지를 위해서는 지속적으로 감시하고 분석하는 것이 매우 중요하다.

2) 위험관리와 위기관리

위험성이 완전히 존재하지 않는다고 말하는 직장은 없다. 일반적으로 가정에서도 위험성은 잠재하고 있다. 따라서 안전이란 그 위험성이 기술적으로도, 사회적으로도 허용되는 수준 이하에 있어야 하는 것이다. 위험이라고 하는 것은 화재 및 부상 사고가 발생할 수 있는 가능성

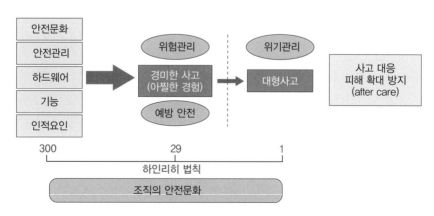

[그림 3-4] 조직의 안전문화에서 위험관리와 위기관리

이라고 할 수 있으며, 위험관리는 사고가 발생하지 않도록 사전에 여러 가지 방법을 강구해 보는 것이다.

한편, 위기관리라는 것은 사고가 발생한 후에 사고의 영향으로 인한 피해를 최소화하기 위한 방책이라고 할 수 있다. 안전한 직장환경을 유지하기 위해서는 항상 이러한 사항을 고려한 관리가 이루어져야만 한다. [그림 3-4]는 이러한 위험관리와 위기관리에 대해 하인리히법칙과 관계하여 설명한 모식을 나타낸다.

① 위험관리의 요점
　　㉠ 위험의 종류 : 어떠한 위험이 잠재하는가를 발견
　　㉡ 위험의 해석 : 위험의 성질 및 특성을 조사
　　㉢ 위험의 평가 : 위험성 및 그 영향의 정도를 조사
　　㉣ 위험의 경감 : 평가된 위험이 허용 정도를 초과한다면 저감시킬 수 있는 방책 제시
② 위기관리의 요점
　　㉠ 정보의 수집 : 판단 및 빠른 의사결정을 위한 정확하고 적합한 정보의 수집
　　㉡ 위기관리 조직의 확립 : 조직의 책임자를 중심으로 하는 위기관리 조직의 편성
　　㉢ 사고 발생 시 피해 범위 추정
　　㉣ 관계자에게 관련 정보 제공 및 피해를 최소화하기 위한 방책의 제시
　　㉤ 일반적인 정보의 공개(대중)

이러한 요점들을 올바르게 수행하기 위해서 언제나 신속하게 대응할 수 있도록 체제를 항상 정비해야 할 필요가 있다.

3) 상황 인식의 개요

올바른 행동을 수행하기 위해서는 올바른 상황 인식이 선행되어야 한다. 상황 인식이 올바르지 않다면 인적오류가 발생하는 큰 요인이 된다. 상황 인식이란 작업 및 그 주위에 어떠한 일이 발생하는가를 인식하는 기능이다. 의식과 무의식과는 관계없이 현장에서 작업 중에 혹은 가정에서 일상행동 중에서도 이러한 인식기능은 가동되고 있다.

정상적인 상황 인식은 다음과 같은 과정을 거치게 된다.

① 상황을 알아차린다(perceiving).

② 그 상황을 이해하고 확인한다(comprehending).

③ 그 후 어떠한 일이 발생할 것인지를 예측한다(projecting).

이러한 3가지 단계에 대해 예를 들어 보면 다음과 같다.

① 차를 운전하고 있을 때 전방에 빨간 불이 깜빡거리는 것을 본다(perceiving).

② 그것은 앞서 달리고 있는 자동차의 방향지시등이라는 것을 알게 된다(comprehending).

③ 그리고 그 차는 속도를 줄여 지시등이 깜빡거리고 있는 방향으로 회전할 것이라고 예측한다(projecting).

그 결과 자신이 다음에 해야 할 행동(브레이크를 밟거나 또는 핸들을 꺾어 방향을 바꾸거나)을 결정하는 것이 가능하다.

이와 같이 항공기 정비 현장에서의 상황 인식의 예를 다음과 같이 들 수 있다.

① 대형 항공기의 동체 하부의 점검창 주변에 푸른 액체가 흐른 흔적을 발견한다(perceiving).

② 내부의 레버토리(세면장·화장실)의 드레인 캡(drain cap)은 완전하게 닫혀 있는지, 호스가 빠진 것은 아닌지를 생각한다(comprehending).

③ 비행 중의 액체 유출은 동결되어 얼음덩어리가 되고, 엔진에 빨려 들어가 엔진 손상의 원인이 될 수도 있다는 것을 생각한다. 그리고 경우에 따라서는 착륙을 위한 활주로 접근 시에 얼음덩어리가 떨어져 인근 주민에게 피해를 끼칠지도 모른다고 예측한다(projecting).

④ 그리고 내부를 점검해서 원인을 확실하게 수리해야겠다고 생각한다.

4) 상황 인식의 중요성

상황 인식이 확실하게 되지 않으면 그 후의 행동이 올바르게 수행될 수 없다. 최초의 상황 인식에서 빠르게 필요한 정보를 입수하는 것이 작업을 수행하는 것 이상으로 중요하다. 필요한 정보를 입수하는 것은 단순히 시각뿐만이 아닌 그 외의 감각을 필요로 하는 경우도 있다.

또, 동시에 그 상황을 주의 깊게 살펴보고 이해하는 것을 필요로 한다. 예를 들면 항해일지(logbook)를 대충 보는 것만으로는 거기에 쓰여 있는 정말 중요한 정보를 놓칠 우려가 있다. 그래서 작업을 시작하기 전에 팀 구성원으로부터 보다 상세한 정보를 얻는 것이 중요하다.

그리고 작업 중이나 작업 종료 시에도 팀의 구성원과 그에 대한 충분히 의견을 교환하기 위한 자리를 가지는 것도 매우 중요하다. 작업을 수행할 때에도 충분히 현재 상황을 파악하여야 한다. 그러기 위해서는 팀의 구성원과의 정보를 주고받는 것이 큰 효과가 있을 수 있다는 것이다. 다음에 일어날 가능성을 예측하는 경우, 자신의 경험은 상당히 유용하게 활용될 수 있다. 그러나 팀의 일원으로 업무를 수행하고 있는 경우에는 당연히 팀 구성원과 그것에 대해서 충분히 검토해야 할 것이다. 만약 반대 의견을 가지는 사람이 있다면 어떻게 해야 할지 상호 간에 납득할 때까지 충분한 대화를 나누는 것이 필요하다.

따라서 올바른 상황 인식이 무조건적으로 필요한데, 상황 인식을 올바르게 하지 못하는 경우가 있다. 대표적으로 상황을 탐지하는 단계부터 문제가 있는 경우이다. 상황 탐지가 올바르게 수행되지 못한 경우는 몇 가지의 이유가 있다.

① 정보가 존재하고 있는데도 지나쳐 버린 경우

예를 들면 기체 검사를 수행하고 있을 때, 명확하게 존재하고 있는 손상을 보지 못하고 지나칠 수도 있다. 또한, 어떤 손상을 발견했더라도 그 옆에 있는 더 중요한 손상을 보지 못하고 지나칠 수 있다.

② 의식을 벗어난 경우

복수의 기기를 사용하여 측정하고 있을 때, 한 가지 기기에 주의를 집중하여 다른 기기의 지시 변화를 알아차리지 못하는 경우가 있다. 혹은, 고장을 탐구하는 중에 다른 고장을 발견하여 본래의 고장을 잊고 지나쳐 버리는 경우가 있다.

③ 다른 요인이 있는 경우

　　㉠ 무언가 다른 상황이 발생한다.

　　㉡ 누군가와 대화를 하고 있다.

　　㉢ 다른 사람이 보고 있다.

　　㉣ 작업을 중단한다.

상황이 적합하게 탐지되었더라도 그것을 올바르게 이해하지 못한 경우가 있다. 그 원인은 지식 및 경험의 부족에 의한 경우가 많다. 따라서 그러한 부분을 해결하기 위한 교육 및 훈련이 매우 중요하다.

상황을 올바르게 자각하고 이해하였다고 하더라도 다른 사람에게 그것을 충분하게 전달할 수 없는 경우가 있다. 예를 들면 자신의 상사로부터 기체를 '잭업'(jack up) 하라는 지시를 받았을 때, 기체에 큰 손상을 줄 가능성이 있는 규격에 맞지 않는 잭(jack)을 사용하도록 지시를 받고, 자신이 그것이 잘못되었다는 것을 알아차렸음에도 솔직하게 그것을 말하지 못하는 경우가 있을 지도 모른다. 그러한 경우, 본인은 정당한 자기주장(assertiveness)을 하지 못한 것이 된다. 또, 지시를 한 상사가 그것을 무시한다면 그 사람의 리더십에 문제가 있는 것이다. 인적오류가 적은 안전한 직장문화를 위해서는 자유롭게 발언할 수 있는 분위기가 되어야 한다.

그 외 다른 문제점이 있다면, 상황 인식을 방해하는 몇 가지 추가적인 요인이 있다.

① **피로** : 피로와 스트레스는 상황 인식의 3가지 단계의 어느 쪽에서도 작용할 수 있으며, 인간의 기능을 저하시킨다.

② **권태 및 독선** : 권태감의 존재는 최초 상황 탐지능력에 가장 큰 영향을 주지만, 그 후의 판단·예측단계에서도 큰 영향을 미친다.

③ **사고방식의 강요** : 사고방식을 강요하는 경우, 정당한 판단을 할 수 없다.

④ **그룹 사고** : 그룹에서 대표적인 방안을 표현하는 경우, 올바른 생각이 아님에도 곧바로 동의해 버리는 경우가 생긴다. 이러한 사례는 그룹에서 많은 사람들이 한 사람(강력한 리더)의 의견에 동조하여 주변을 둘러싸고 있는 경우에 발생한다. 이러한 경우는 상황 인식에 있어서 예측단계에서 많은 영향을 준다.

상황 인식에 있어서 이러한 문제점만 있는 것은 아니다. 상황 인식을 향상시키기 위해서 할 수 있는 방안도 존재하는데, 대표적으로 두 가지가 있다. 첫 번째는 '올바른 정보를 취득하는 것'이고, 두 번째는 '정보를 올바르게 이해하는 것'이다.

정확한 상황 인식을 수행하기 위해서는 올바른 정보를 취득하는 것이 선행돼야 하는데, 이를 위해서 필요한 사항은 다음과 같다.

① 작업기간 동안 상황 감시를 잘 해야 한다. 예를 들면 공구를 두고 가버리는 행위, 아직 장착되지 않은 부품이 있는 경우가 발생할 수도 있다.

② 교대근무 시 인수인계를 할 때에는 충분히 필요한 정보를 전달했는가, 필요한 모든 정보를 받았는지를 생각해야 한다.

③ 항상 작업 매뉴얼 및 지시서 등을 참조하며, 기억에 의존하지 않도록 한다.

④ 작업의 중단, 혹은 작업에 혼란이 발생하는 것에 주의해야 한다. 작업을 재개할 때에는 이전 단계에서 남은 일이 있는지, 단계를 지나쳐 버린 것은 없는지를 확인해야 한다. 경우에 따라서 리 체크(re-check)를 실시한다.

⑤ 환경에 의한 영향에 주의해야 한다. 항공기 정비환경에서는 조명이 부족하거나, 소음이 큰 경우가 적지 않다.

다음으로는 취득한 정보를 올바르게 이해해야 되는 부분이다. 취득한 정보를 올바르게 이해하는 데 있어 유의사항들은 다음과 같다.

① 실시한 작업 결과가 적합한지, 어떤지의 정보에 대해서 반드시 피드백(feedback)을 실시한다. 그렇게 함으로써 나중에 더욱 정확한 판단을 할 수 있다.

② 숙련자가 어떻게 문제를 해결한 것인지를 배운다. 그리하여 자기 자신이 쓸데없는 행동을 한다거나, 인적오류를 범하는 것을 방지할 수 있다.

③ 국부적인 것이 아닌 넓은 시야로 상황을 살펴본다.

④ 기체 및 시스템에 관련해 스스로 생각한 의견에 대해서 한 번 더 검토해 본다.

⑤ 도중에 잡음이나 다른 상황이 발생하더라도 항상 업무의 목적으로부터 벗어나지 않도록 유의한다.

4 항공생리학

항공생리학(航空生理學, aviation physiology)이란 항공기·비행기를 타고 비행하거나 우주 여행에 따른 제반 생리학적 과제를 다루는 학문을 말한다. 지상에서 나타나는 생리적 현상과는 달리 높은 고도의 비행에서 나타나는 저산소증(hypoxia), 기압 변화, 가속도 등으로부터 발생하는 생리적 현상에 대한 연구는 반드시 필요하다. 단순히 여행자로 노출되는 경우와 달리 항공종사자의 경우에는 지속적인 노출이 이루어지기 때문에 항공생리학에 대한 이해는 더욱 중요한 것이다. 높은 고도에서 발생하는 현상뿐만 아니라 지상에서 근무하는 항공종사자들도 다양한 환경에 노출되므로 항공생리학에 대한 이해는 필수적이라고 할 수 있다.

1) 지구 대기환경과 항공생리학

대기권이란 지구 표면에서부터 고도에 따라 권역을 구분한 것으로, 지구 표면으로부터 700~1,000 km 정도를 대기권의 권역으로 보고 있다. 대기권은 고도에 따라 낮은 순으로 대류권·성층권·중간권·열권으로 구분되며, 열권 외부 지역은 극외권 혹은 외기권이라고 부르고 있다. 항공기가 비행하는 고도는 국제민간항공기구(ICAO : International Civil Aviation Organization)에서 지정한 대류권에서 성층권 권역으로, 대기의 평균적인 물리적 성질은 국제표준대기(ISA: International Standard Atmosphere)로 지정하여 전 세계 국가에서 활용하고 있다. 이러한 대기의 구성은 78%의 질소가스와 약 21%의 산소가스, 나머지 1%는 아르곤·이산화탄소 등 기타 가스가 차지하고 있는데, 이는 고도 100 km까지는 일정 성분비로 존재하지만 100 km의 고도를 초과한 경우, 산소와 질소가 태양광의 복사현상 중 자외선의 영향으로 원자 상태로 존재하게 된다($N_2 \rightarrow N$, $O_2 \rightarrow O$).

지구 대기에서 비행 상황에 큰 영향을 주는 물리적 성질은 압력이다. 대기압에서 1기압은 수은주 기둥으로 측정하면 760 mmHg의 값을 가진다. 고도가 낮을수록 고도 변화에 따른 기압변화가 크며, 물속으로 10 m 들어갈 때마다 1기압씩 상승하는 것으로 알려져 있다. 대류권에서 기압 변화는 대략적으로 다음과 같이 표현할 수 있다.

① 18,000 ft : 대기압의 1/2
② 27,000 ft : 대기압의 1/3
③ 34,000 ft : 대기압의 1/4

기압이 감소하게 되면 흔히 발생하는 생리적 현상으로는 귀가 먹먹한 느낌을 들 수 있다. 하지만 기압 감소가 인체에 가장 큰 영향을 주는 것은 바로 산소분압의 감소로 인해 뇌로 공급되는 산소가 부족해지게 되는 것이다. 산소분압은 대기압과 대기 중 산소의 비율의 곱으로 계산할 수 있다.

① 해발고도에서의 산소분압 : P_{O_2} = 760 mmHg × 0.21 = 160 mmHg
② 18,000 ft 고도에서의 산소분압 : P_{O_2} = 380 mmHg × 0.21 = 80 mmHg

산소분압적인 측면에서 볼 때 인간이 어떠한 장비의 도움 없이 정상적인 활동을 계속할 수 있는 고도는 약 10,000 ft(3,000 m)이다. 이 고도에서는 정상적인 활동은 할 수 있지만, 야간에 시력 감퇴가 일어나거나 복잡한 계산을 할 수 있는 고위 중추기능이 감퇴될 수는 있다. 고도가 15,000 ft로 상승하게 되면 인간의 순환기계통의 대상작용으로 의식을 유지할 수는 있으나, 그 이상이 될 경우 저산소증에 의해 의식불명의 상황이 될 수도 있다. 18,000 ft 이상의 고도는 감압병의 원인이 되며 이 고도는 인간이 어떠한 이유에서든지 적응할 수 없게 된다. 따라서 18,000 ft(5,500 m) 고도를 한계고도라고 부르기도 한다. 그러므로 항공기에서는 객실고도를 기본적으로 8,000 ft로 유지하고 있다.

그리고 성층권에서는 20~45 km 사이의 고도에서 5~10 ppm 농도의 오존층이 존재한다. 오존은 유해물질로 지상 작업장에서도 허용 한계치가 0.12 ppm이기에 성층권을 비행할 때 오존이 항공기 기내로 유입되어서는 절대로 안 된다. 따라서 항공기에서 외부의 공기를 공급받을 때 오존이 열에 약하다는 성질을 활용하여 가열과 촉매기능을 통해 오존을 제거하기도 한다.

한편, 항공기가 성층권을 비행할 때, 장시간 비행 시 건조하고 갈증이 심화되기 때문에 주기적인 수분 섭취는 필수적이라고 할 수 있다.

2) 비행 상황에 따른 항공생리학

비행 중에 인체의 생리적인 현상에 가장 큰 영향을 미치는 것은 비행 중에 발생하는 가속도일 것이다. 비행 중에 발생하는 가속도에는 선형가속도·구심가속도·원심가속도 등이 있다. 선형가속도는 항공모함에서 사출기(catapult)에 의하여 이륙할 때 혹은 재연소장치(after burner)를 작동할 때 발생하며, 구심가속도는 비행 중 항로가 변할 때 발생한다. 원심가속도는 선회 중인 항공기에서 원심력과 중력에 의한 2개 힘의 벡터의 합력에 의해 발생한다. 가속도는 일반적으로 관성과는 반대 방향으로 작용한다.

[그림 3-5]는 비행 중 발생하는 가속도의 방향에 따른 관성의 합력 방향, 생리학적 명칭 및 속칭, 표준용어 등에 대한 내용이다. 일반적인 전투기의 성능은 5~7G로 10~40초간 양성가속도($+G_z$)에 노출되며, 최신의 전투기들은 8~10G로 60초까지 지속 노출된다. 이렇게 노출되는 양성가속도($+G_z$)의 영향에 의해 발생하는 생리적 현상에는 대표적으로 시각상실·의식상실 등이 있으며, 이에 대하여 자세히 살펴보도록 한다.

(1) 양성가속도($+G_z$)

우선 양성가속도가 증가할수록 나타나는 신체적인 현상은 다음과 같다.

① $+2G_z$: 얼굴의 연조직이 처지고 몸통과 사지의 무게가 증가함.
② $+3G_z$: 앉은 자세에서 몸을 일으킬 수 없음.
③ $+2\sim3G_z$: 조작 불능의 항공기에서 기계적 도움 없이는 탈출이 불가능함.
④ $+8G_z$: 팔의 상방운동이 불가능함.

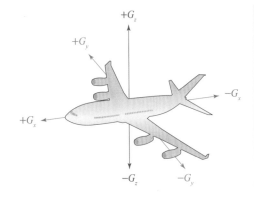

가속도 방향	관성 합력 방향	생리적 명칭 및 속칭	표준 용어
머리쪽	머리에서 발	positive G eyeballs down	$+G_z$
발쪽	발에서 머리	nagative G eyeballs up	$-G_z$
앞쪽	가슴에서 등	transverse A-P G supine G eyeballs in	$+G_x$
뒤쪽	등에서 가슴	transverse P-A G prone G eyeballs out	$-G_x$
오른쪽	오른쪽에서 왼쪽	left lateral G eyeballs left	$+G_y$
왼쪽	왼쪽에서 오른쪽	left lateral G eyeballs right	$-G_y$

[그림 3-5] 인체에 작용하는 가속도의 방향에 따른 생리학적 명칭 및 용어

양성가속도에 노출되면 기본적으로 의식장애가 발생하기에 앞서 시각장애가 발생한다. 양성가속도 +5~6G_z 정도 노출되면 블랙아웃(black out) 현상이 나타나며 의식상실이 진행된다. 이때 무의식 상태가 15초간 진행된 후에 서서히 회복되기도 하는데, 생리적 기억력 상실로 의식상실을 무심히 지나칠 수 있다. 여기서, 블랙아웃 현상이란 기본적으로 양성가속도값이 +4.7±0.7G_z 정도에서 발생한다고 알려져 있으며, 시각은 완전 손실되지만 청각과 정신 활동은 영향을 받지 않는 상태이다. 블랙아웃 현상보다는 낮은 양성가속도값인 +4.1±0.8G_z 정도에서 발생하는 그레이아웃(grayout) 현상은 중심시각은 유지되고 주변시각은 상실하는 상태이다. 양성가속도 +4G_z 이상에 노출될 경우는 피부 모세혈관에 영향을 미쳐 발과 팔에 점상출혈이 발생하기도 한다.

또한, 양성가속도에 대한 내성 관련 요소에는 체중 증가(일종의 부작용), 저혈당증, 알코올 섭취, 과호흡, 저산소증, 위팽창 등이 있다. 양성가속도를 서서히 증가시켰을 때 인체에 나타나는 현상은 '몸무게 증가 → 그레이아웃 → 블랙아웃 → 의식상실'의 순이다. 이와 같이 양성가속도에 노출되었을 때, 양성가속도의 정도에 따라 인체에는 장애가 발생할 소지가 있다.

이러한 양성가속도 노출에 대비하여 준비할 수 있는 사항은 다음과 같은 것들이 있다.

우선 L-1 기법이 있다. 이 방법은 자라목처럼 심장과 뇌의 수직거리를 줄인 자세에서 사지에 혈액이 몰리지 않도록 사지 근육을 긴장시키고 하복부에 힘을 주어 성문(목청문)을 완전히 폐쇄한다. 이때 호흡은 하복부에 힘을 준 상태로 매 3초마다 빠르게 호흡을 하여 폐의 압력이 내려가지 않도록 하는 방법이다. L-1 기법은 체력 단련과 병행하였을 때 양성가속도에 대응하는 데 더욱 효과가 있다.

다음으로 항공종사자는 체력의 뒷받침이 우선돼야 하므로 평소 체력 단련과 신체 훈련(무산소성 훈련이 대표적)을 통해 양성가속도에 대한 내성시간을 증가시킨다.

또한, 비행 중 자세를 전방으로 기울이는 것은 약간의 효과는 있으나 이 방법의 경우 조종사

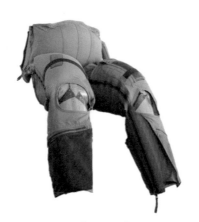

[그림 3-6] 양성가속도에 대비한 특수복(anti G suit)

의 시야가 줄어들고 머리 충격의 위험성이 내포되어 있다.

[그림 3-6]의 항G복(anti G suit)은 양성가속도에 대비하여 제작한 특수복이다. 이는 가랑이와 무릎 부분을 잘라 낸 바지 모양의 복장으로, 복부·허벅지·종아리를 5개의 주머니로 감싸서 주머니의 압력으로 심장이 처지는 것을 막아 주고 혈액이 하체에 정체되는 것을 예방하는데, 조종사들이 임무 수행 시 착용하게 된다.

(2) 음성가속도($-G_z$)

양성가속도뿐만 아니라 음성가속도에 노출되어도 인체에 장애가 발생할 소지가 있다. 우선 $-2G_z$ 이상의 음성가속도에서 밖이 빨갛게 보이는 레드아웃(red out or red veil) 현상이 발생하며, 이는 결막출혈의 원인이 되기도 한다. 음성가속도의 경우에도 정도에 따라 인체에 나타나는 현상이 차이가 나는데, 우선 $-1G_z$ 이상에서는 머리의 팽만감과 압박감, $-2G_z$ 이상에서는 불쾌감과 심한 두통이 느껴진다. $-2.5G_z$ 이상에서는 눈꺼풀에 부종이 생기며 얼굴과 목에 점상 출혈이 일어나고 코피를 흘릴 수도 있으며 호흡곤란이 발생한다. $-2.5{\sim}-3G_z$ 정도의 음성가속도에서는 눈이 빠질 것 같은 불편감이 생기고 시각이 붉고 흐리게 될 수 있으며, $-4{\sim}-5G_z$ 정도의 음성가속도에 6초 이상 노출되면 정신적 혼동과 의식상실이 일어나게 된다.

(3) 공간정위상실(SD: Spatial Disorientation)

공간정위상실(SD: Spatial Disorientation)이란 일반적으로 많이 사용하던 비행착각(vertigo)을 의미한다. 과거에는 '비행착각'이라는 용어를 사용했는데 이 용어는 조종사의 부주의와 태만·소홀 등 '과실'의 의미를 담고 있기 때문에 현재는 이를 대신해 공간정위상실이라는 용어가 사용되고 있다. 공간정위상실은 전투기로 고난도 기동을 했을 때 3차원 공간에서의 감각오류에 의해 항공기 자세를 잘못 판단하게 되는 현상을 말한다. 이는 인체의 생리와 구조상 발생할 수밖에 없으며, 훈련과 단련으로도 극복할 수 없는 것이기에 과실의 의미가 포함된 비행착각이 아닌 공간정위상실이라는 용어로 변경하게 된 것이다.

이러한 공간정위상실은 '시각에 의한 감각오류'와 '미로 전정기관에 의한 감각오류'의 두 가지로 구분된다. 시각에 의한 감각오류의 경우, 악기상 속에서 적기 또는 아군기의 상대적인 움직임을 관찰하다가 전이성 감각오류를 일으켜 자신이 탑승한 항공기의 이동 경로와 흐름을 순간적으로 놓치는 것을 말한다. 미로 전정기관에 의한 감각오류의 경우, 항공기의 급격한 기동에 의해 사람의 귓속에서 평형감각을 관장하는 전정기관에 담겨 있던 임파액이 비정상적으로 움직이면서 발생하는 감각오류이다. 인체의 전정기관(前庭器官)이란 이동과 평형감각을 주관하는 감각기관으로, [그림 3-8]에서 보는 것과 같이 3차원을 감지하는 3개의 축으로 위치를 감

[그림 3-7] 비행 중 공간정위상실(SD : Spatial Disorientation)과 훈련장비

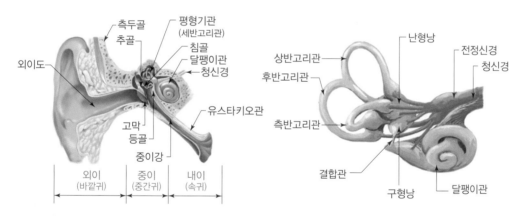

[그림 3-8] 귀 및 전정기관의 구조

지하는 세반고리관(semicircular canal), 평형감각을 담당하는 구형낭(saccule)과 난형낭(utricle)으로 이뤄져 있다. 인체에서 평형을 감지하는 기관은 시각계통과 내이의 전정기관 근육 및 관절에 있는 일부 감각기관이 있으며, 이 중에서 전정기관이 균형감각의 결정체라고 할 수 있다.

(4) 비행 중의 착각

공간정위상실 이외에도 비행 중에는 여러 가지 착각현상이 발생하기도 한다. 시각 혹은 전정기관에 의해 착각이 발생하게 되는데, 이러한 비행 중의 착각이 발생할 수 있는 경우는 다음과 같다.

① **활주로가 수평이 아닌 경우** : 1° 상향 활주로의 경우 활주로가 높게 느껴지므로 항공기의 기수를 지나치게 강하하여 정상 착륙지점에 못 미치게 되고, 1° 하향 활주로의 경우에는 활주로가 수평 활주로보다 더 낮게 느껴지므로 정상 착륙지점을 지나치게 된다.

② **시정이 좋지 못한 경우** : 안개와 연무는 활주로를 멀리 보이게 한다.

③ **공항시설이 양호하지 못한 경우** : 활주로 등의 왼쪽이 오른쪽보다 밝으면 우측으로 기울어진 것으로 착각하게 된다.

④ **주변 참조점이 없는 경우** : 수면 혹은 눈이 쌓인 활주로에 착륙할 때, 시각적 참조가 없으면 착륙 진입이 난해하게 된다.

⑤ **시각의 자가운동에 의한 착각** : 어두운 원경을 배경으로 한 작고, 희미한 빛을 6~12초 정도 응시한 후에는 그 빛이 특정한 방향이나 여러 방향으로 이동하는 현상이 발생하게 된다. 따라서 야간 비행 시에는 이러한 착각이 발생하기 쉽기 때문에 항공종사자에게 다음과 같은 사항이 권고된다.

ㄱ 조종사는 목표 불빛에 대한 계속적인 고정을 피하기 위해 시선을 자주 바꾸어야 한다.

ㄴ 목표물을 옆으로 보거나 조종석 덮개와 같이 상대적으로 고정된 구조물과 관련하여 보아야 한다.

ㄷ 조종사의 착각을 소멸시키기 위해 눈·머리·신체운동을 서서히 해야 한다.

ㄹ 조종사는 감각기관의 착각을 방지하거나 해결하는 데 도움이 되도록 항상 계기를 모니터해야 한다.

① **전이성에 의한 착각** : 전이성에 의한 착각에는 '선형 전이성 착각'과 '각 전이성 착각'이 있다.

  ㄱ 선형 전이성 착각 : 운전 중 정지해 있을 때, 옆 차가 서서히 전진하면 내 차가 서서히 뒤로 가는 듯한 느낌으로 근접 편대 비행 시 이러한 현상이 발생하기 쉽다. 또한, 같은 양의 가속 하에 지속적인 등속 원운동에 노출되면 수평직선운동으로 착각하는 경우도 선형 전이성 착각에 포함된다.

  ㄴ 각 전이성 착각 : 주변의 사람이 회전하고 있다고 느낄 때 발생한다.

② **가상 수평과 가상 지표면에 의한 착각** : 경사진 구름층, 균일하게 경사진 지형, 야간에 경사진 지형의 도시 불빛, 먼 거리의 경사진 소나기 등에 의해 발생한다.

③ 전정기관에 의한 착각 : 신체 회전성 착각, 반복성 스핀감, 악성 스파이럴, 안구 회전성 착각, 전향성 착각, 신체 중력성 착각, 역전위성 착각, 과중력 효과, 안구 중력성 착각, 경사 착오 등이 있다.

3) 신체적 항공생리학

(1) 건강

세계보건기구(WHO)는 건강을 '단순히 질병이 없거나 허약한 상태가 아닐뿐더러 신체적·정신적·사회적으로 안녕한 상태'라고 정의하고 있다. 건강한 생활은 항공종사자에게 있어 특히나 중요한 사항으로 인식되고 있다. 또한, 질병이라는 인자는 건강과 매우 밀접한 관계가 있기에 과거부터 오랜 시간 동안 연구되어 왔고 현재도 지속적으로 연구되고 있다.

클라크(F. G. Clark)는 역학적인 견지에서 인간의 건강 성립조건으로 삼원론(三元論)을 제시하였다. 즉, 건강은 병인(agent)·숙주(host)·환경(environment)의 상호작용(interaction)이 균형을 잘 유지하여야 성립되며, 이러한 균형이 깨졌을 때는 질병이 발생한다는 것이다. 또한, 클라크는 리벨(Leavell)과 함께 [표 3-1]과 같이 '리벨 & 클라크의 질병의 자연사와 예방의 수준'이라는 5가지 단계를 제시하기도 하였다. 이에 따르면 크게 병원성 이전기(1~2)와 병원성기(3~5)로 구분되며 5가지 단계에 따른 질병의 과정과 예비적 조치 등에 대해 제시하고 있다. 1차적 예방으로는 보건교육, 2차적 예방으로는 정기 검진, 3차적 예방으로는 장애 예방 및 재활 등이 있다. 이와 같이 질병을 예방하는 것이야말로 건강 유지에 크게 도움이 되는 핵심 인자인 것이다.

[표 3-1] 리벨(Leavell) & 클라크(Clark)의 질병의 자연사와 예방의 수준

구분	병원성 이전기		병원성기		
질병의 과정	병인-숙주 간 상호작용의 환경(2)	병인 자극의 형성(1)	병인 자극에 대한 숙주의 반응(3) 조기의 병적 변화	질병(4)	회복(5)
예비적 조치	건강 증진	특수 예방	조기 발견, 치료	악화 방지	재활
예방 차원	1차적 예방		2차적 예방		3차적 예방

인간의 사망 원인의 종류는 다양하다. 사망 원인을 순서대로 나열해 보면 암, 순환기계 질환, 외인사(사고사, 교통사고가 대표적), 호흡기계 질환, 소화기계 질환, 내분비대사 질환, 정신

및 행동 장애, 특정 감염성 및 기생충성 질환, 비뇨생식기계 질환, 기타 질환의 순이다. 남성의 경우에는 암, 여성의 경우에는 순환기계 질환이 가장 높은 순위를 차지하고 있다. 이는 건강관리에서 질병을 예방하는 것이 그만큼 중요하다는 것을 보여 주는 반증이다.

우선 건강한 생활을 영위하기 위해서는 균형 잡힌 영양 섭취와 적절한 운동을 해야 한다. 인간이 섭취하는 5대 영양소는 단백질·지방·탄수화물·비타민·무기물로, 전문가들에 따르면 가장 이상적인 식단은 탄수화물 55~60%, 단백질 20~30%, 지방 15~20% 정도이다.

또한, 하루에 섭취하는 적절한 열량은 성인 남성의 기준으로 2,000~3,000 kcal, 성인 여성의 기준으로 1,500~2,000 kcal이다. 성별에 따라 기준 열량이 다른 이유는 남녀 간의 기초대사량의 차이에 따른 요인으로 분석된다.

영양소를 연소할 때 소비되는 열량은 지방 1 g 연소 시 9 kcal, 탄수화물 1 g 연소 시 4.5 kcal, 단백질 1 g 연소 시 4.5 kcal로 알려져 있다. 영양소와 소비 열량이 중요한 인자가 되는 이유는 바로 비만과 관계한다. 비만의 경우, 고혈압 발병 확률은 정상인에 비해 5배, 당뇨 발병 확률은 정상인에 비해 3배 높은 것으로 조사된 것과 같이 만병의 근원이다. 건강관리의 일환으로 체중관리를 꾸준히 해야 하며, 주기적으로 이상체중과 BMI 지수를 추적 관찰하는 것이 필요하다.

이상체중과 BMI 지수를 계산하는 방법은 다음과 같다.

① 이상체중 = (신장−100) × 0.9
② BMI 지수 = 체중 ÷ (신장)^2
　　(여기서, 체중의 단위는 kg, 신장의 단위는 m)

BMI 지수의 수치가 20 미만일 때 저체중, 20~24일 때 정상체중, 25~30일 때 경도비만, 30 이상인 경우에는 비만으로 간주한다.

(2) 항공종사자의 신체검사

앞서 언급한 건강관리의 일환으로 항공종사자는 주기적으로 신체검사를 실시하여야 한다. 항공종사자의 신체검사는 제1종, 제2종, 제3종으로 구분된다.

① 제1종의 경우 운송용 조종사, 사업용 조종사(활공기 조종사는 제외), 부조종사의 자격증명을 소지한 사람이 해당된다.
② 제2종의 경우 항공기관사, 항공사, 자가용 조종사, 사업용 활공기 조종사, 조종 연습생, 경량항공기 조종사 자격증명을 소지한 사람이 해당된다.

③ 제3종의 경우 항공교통관제사, 항공교통관제 연습생 자격증명을 소지한 사람이 해당된다.

항공종사자 신체검사 유효기간은 제1종의 경우 40세 미만은 12개월, 40세 이상은 6개월이며, 제2종과 제3종의 경우에는 40세를 기준으로 40세 이상의 경우는 40세 미만보다 유효기간이 절반으로 감소된다. 자세한 기간은 항공안전법 시행규칙(별표 8)을 참조하면 알 수 있다.

항공안전법 제40조(항공신체검사증명)
① 다음의 어느 하나에 해당하는 사람은 자격증명의 종류별로 국토교통부장관의 항공신체검사증명을 받아야 한다.
ㄱ 운항승무원
ㄴ 제35조 제7호의 자격증명을 받고 항공교통관제 업무를 하는 사람
② 제1항에 따른 자격증명의 종류별 항공신체검사증명의 기준, 방법, 유효기간 등에 필요한 사항은 국토교통부령으로 정한다.
③ 국토교통부장관은 제1항에 따른 자격증명의 종류별 항공신체검사증명을 받으려는 사람이 제2항에 따른 자격증명의 종류별 항공신체검사증명의 기준에 적합한 경우에는 항공신체검사증명서를 발급하여야 한다.
④ 국토교통부장관은 제1항에 따른 자격증명의 종류별 항공신체검사증명을 받으려는 사람이 제2항에 따른 자격증명의 종류별 항공신체검사증명의 기준에 일부 미달한 경우에도 국토교통부령으로 정하는 바에 따라 항공신체검사를 받은 사람의 경험 및 능력을 고려하여 필요하다고 인정하는 경우에는 해당 항공업무의 범위를 한정하여 항공신체검사증명서를 발급할 수 있다.
⑤ 제1항에 따른 자격증명의 종류별 항공신체검사증명 결과에 불복하는 사람은 국토교통부령으로 정하는 바에 따라 국토교통부장관에게 이의신청을 할 수 있다.
⑥ 국토교통부장관은 제5항에 따른 이의신청에 대한 결정을 한 경우에는 지체 없이 신청인에게 그 결정 내용을 알려야 한다.

항공안전법 제41조(항공신체검사명령)
국토교통부장관은 특히 필요하다고 인정하는 경우에는 항공신체검사증명의 유효기간이 지나지 아니한 운항승무원 및 항공교통관제사에게 제40조에 따른 항공신체검사를 받을 것을 명할 수 있다.

항공안전법 제42조(항공업무 등에 종사 제한)
제40조 제2항에 따른 자격증명의 종류별 항공신체검사증명의 기준에 적합하지 아니한

운항승무원 및 항공교통관제사는 종전 항공신체검사증명의 유효기간이 남아 있는 경우에도 항공업무(제46조에 따른 항공기 조종 연습 및 제47조에 따른 항공교통관제연습을 포함한다.)에 종사해서는 아니 된다.

항공안전법 시행규칙 제92조 [별표 8]

항공신체검사증명의 종류와 그 유효기간(제92조 제1항 관련)				
자격증명의 종류	항공신체검사증명의 종류	유효기간		
		40세 미만	40세 이상 50세 미만	50세 이상
운송용 조종사 사업용 조종사 (활공기 조종사는 제외) 부조종사	제1종	12개월. 다만, 항공운송사업에 종사하는 60세 이상인 사람과 1명의 조종사로 승객을 수송하는 항공운송사업에 종사하는 40세 이상인 사람은 6개월		
항공기관사 항공사	제2종	12개월		
자가용 조종사 사업용 활공기 조종사 조종연습생 경량항공기 조종사	제2종(경량항공기 조종사의 경우에는 제2종 또는 자동차운전면허증)	60개월	24개월	12개월
항공교통관제사 항공교통관제연습생	제3종	48개월	24개월	12개월

[비고]

1. 위 표에 따른 유효기간의 시작일은 항공신체검사를 받는 날로 하며, 종료일이 매달 말일이 아닌 경우에는 그 종료일이 속하는 달의 말일에 항공신체검사증명의 유효기간이 종료하는 것으로 본다.

2. 경량항공기 조종사의 항공신체검사 유효기간은 제2종 항공신체검사증명을 보유하고 있는 경우에는 그 증명의 연령대별 유효기간으로 하며, 자동차운전면허증을 적용할 경우에는 그 자동차운전면허증의 유효기간으로 한다.

(3) 시력과 청력

시력과 청력은 항공종사자에게 있어 매우 중요한 신체적인 능력이다.

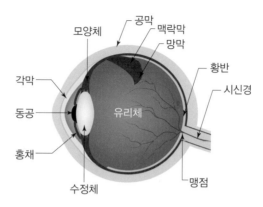

[그림 3-9] 안구의 구조

① 시력(vision)

시력은 눈을 통해 사물의 크기·색깔·형상·움직임·밝기 등의 정보를 수집하여 뇌로 전달하는 기능을 말한다. [그림 3-9]에서 보는 것과 같이 눈에는 여러 기관이 상호작용을 하고 있음을 알 수 있다. 먼저, 동공의 수축 및 확대로 적당한 빛을 받아들일 수 있으며, 동공은 홍채와 모양체의 상호작용에 의해 수축 또는 확대되며 물체를 정확하게 보기 위해서는 눈 주위 근육이 작용하여 안구가 움직여 시선을 정확하게 맞추게 된다. 또한, 모양체와 수정체의 상호작용은 망막에 물체의 상이 정확하게 맺히도록 초점을 맞춰 주는 역할을 한다. 망막에 맺혀진 시각 정보는 시세포에서 전기 자극으로 바뀌고, 망막의 신경절 세포와 신경 섬유층을 거쳐 시신경 유두를 통해 시신경으로 전달된다.

인체의 감각 중에 가장 중요한 감각 중 하나인 시각적 정보는 이렇게 전달되며, 시력의 중요성은 아무리 강조해도 지나치지 않다. 흔히 시력이 나쁘다고 이야기하는 시력장애의 종류는 [그림 3-10]에서 보는 것 같이 대표적으로 근시·원시·난시·노안 등 4가지 종류가 있다.

㉠ 근시(myopia)

외부에서 들어오는 광선이 망막보다 앞에 맺히게 되며 멀리 있는 사물이 흐리게 보이는 현상을 말한다. 전체 연령대에서 고르게 발현되며, 전체 인구의 30%가 근시를 가지고 있는 것으로 알려져 있다. 어린 시절 근시 현상이 발생한다면 성장 후에도 없어지지 않는다.

㉡ 원시(hyperopia)

외부에서 들어오는 광선이 망막보다 뒤에 맺히게 되며 가까이 있는 사물이 흐리게 보

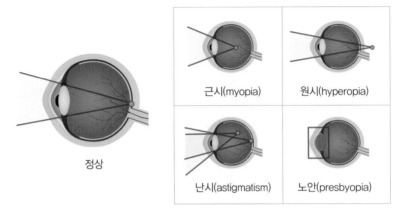

[그림 3-10] 다양한 시력장애

이는 현상을 말한다. 전체 인구의 25%가 원시를 가지고 있는 것으로 알려져 있으며, 어린 시절 원시 현상이 발생하더라도 성장하면서 대체적으로 사라지기도 한다.

ⓒ 난시(astigmatism)

광선이 각막 또는 수정체에 초점을 맞추지 못하는 현상이다. 근거리 및 원거리 모든 사물에 초점을 맞추지 못하기 때문에 눈이 쉽게 피로하며, 사물이 겹쳐 보이는 등의 현상이 나타난다. 심한 경우에는 두통을 호소하기도 하는 심각한 시력장애이다.

ⓔ 노안(presbyopia)

나이가 들어 수정체의 조절기능이 약해지면서 나타나는 현상으로, 가까운 사물이 잘 보이지 않게 되는 현상이다.

근시·원시·난시·노안 등과 같은 시력장애 이외에도 항공종사자에게 있어 중요한 시각적인 능력은 색채 및 광도 인식장애이다. 이것이 일반적으로 알려져 있는 색맹(color blindness)이다. 색맹은 색을 전혀 보지 못하는 전색맹과 부분색맹으로 구분된다. 색맹을 가지고 있는 사람의 대부분은 부분색맹이며, 그중에서도 적색과 녹색에서 문제가 있는 적녹색맹이다. 색맹을 가지고 있는 사람이 보는 시야는 정상적인 사람이 보는 시야와 큰 차이가 나게 되는데, 전색맹 및 부분색맹을 가지고 있는 사람이 보는 시야는 [그림 3-11]에서와 같이 확인할 수 있다. 색맹의 경우, 유전적인 원인에 기인하며 우리나라에서는 남성의 5.5%, 여성의 0.4%의 인구가 색맹을 가지고 있는 것으로 조사되었다. 항공종사자의 경우, 신체검사를 실시할 때 시력에 관한 검사는 매우 엄격하게 수행되며 이러한 장애를 가지고 있는 사람은 항공종사자로 활동하기에 무리가 따르게 된다.

이와 같이 항공종사자는 업무를 수행할 수 있는 적절한 시력을 갖추고 있어야 하며 색

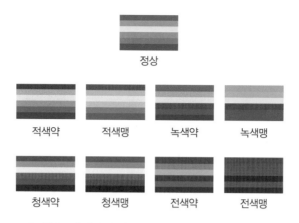

정상

적색약   적색맹   녹색약   녹색맹

청색약   청색맹   전색약   전색맹

[그림 3-11] 색채 및 광도 인식장애인 경우에 보이는 시야

맹과 같은 색채 및 광도 인식장애를 가지고 있어서도 안 된다. 시력이 나쁜 경우 여러 가지 위험인자가 잠재적으로 존재하여 인적오류가 발생할 수 있기에 특히 유의해야 하는 부분이다. 또한, 항공종사자로서 업무를 수행하더라도 꾸준히 시력을 관리하고 정기적으로 점검하며, 가급적이면 시력이 나빠질만한 환경(예: 조도가 낮은 작업장)은 피하는 것이 좋다. 더불어 보안경을 착용하는 등 꾸준히 시력을 보호하는 노력을 기울여야 할 것이다.

② 청력(Hearing)

청력은 우리 몸 가운데 귀를 통하여 뇌로 전달되는 감각을 말한다. [그림 3-8]에서 보는 것과 같이 귀는 바깥에서부터 외이·중이·내이로 구분된다. 이 중 외이는 외부에서 발생되는 음의 파장을 모아 주는 역할을 하며, 이러한 파장은 고막을 진동시킨다. 고막에서의 진동을 전이 및 확대시키는 중이의 추골·침골·등골은 내이에 있는 달팽이관에 진동을 전달하게 된다. 인체의 청각기관은 달팽이관 내의 청각 수용기(청신경)를 통해 뇌로 전달된다. 앞서 언급하였던 우리 몸의 평형을 담당하는 전정기관도 귀에 있기에, 귀는 인체에 청력과 균형 2가지 중요한 역할을 담당하는 기관이다. 항공종사자에게 있어서 청력은 시력과 함께 중요한 대표적인 감각이라고 할 수 있다. 청력은 인적요인 중 의사소통과 상당히 밀접한 관계를 가지고 있으며, 청력이 좋지 않다면 인적오류가 발생할 잠재적 요인이 클 수밖에 없다.

항공종사자는 항공기의 엔진 소리, 항공기 정비 시 리벳 작업, 기계음 등과 같이 소음에 노출되기 쉬운 환경에서 업무를 수행하게 된다. 소음에 노출되면 난청과 같은 장애가 발생하기도 하고 피로를 심하게 증가시켜 판단력이 저하되며 침착하지 못한 행동을 유발하게 된다. 특히, 난청은 며칠 사이에 회복이 되는 일시적인 난청도 있지만 소음에 지속

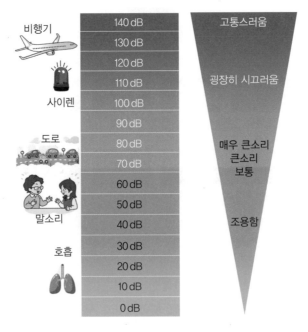

[그림 3-12] 데시벨(dB)에 따른 소음 정도

적으로 노출되어 회복하지 못하게 되면 영구적인 난청으로 이어진다. 이러한 영구적인 난청으로 이명(noise or ringing)이 들리는 현상이 발생하거나 사람들의 이야기를 듣지 못하고 심한 경우 일상생활(예 : TV, 라디오 볼륨을 심하게 올리는 등)에서의 어려움을 호소하기도 한다. 이러한 상황은 항공종사자에게 있어서 치명적인 상황인 것이다.

소리의 측정단위는 데시벨(dB)이라고 하는데, [그림 3-12]에서 보는 것과 같이 인체는 80 dB 정도의 소리를 시끄럽다고 감지한다. 또한, 85 dB 이상의 환경에 8시간 이상 노출되면 청력이 손상될 수도 있다. 이는 소음이 인체에 끼치는 영향이 소음의 크기뿐만 아니라 소음에 노출된 시간에도 관계가 크다는 것을 의미한다. 따라서 심각한 소음에 노출되지 않도록 〈산업안전보건법〉에서는 소음에 대한 규제를 하고 있다.

산업보건 기준에 관한 규칙에서 규제하고 있는 소음에 대한 기준 중 강렬한 소음작업과 소음이 1초 이상의 간격으로 발생하는 작업인 충격소음작업에 대한 수준은 다음과 같다.

㉠ 강렬한 소음작업
  • 90 dB 이상의 소음이 1일 8시간 이상 발생되는 작업
  • 95 dB 이상의 소음이 1일 4시간 이상 발생되는 작업
  • 100 dB 이상의 소음이 1일 2시간 이상 발생되는 작업
  • 105 dB 이상의 소음이 1일 1시간 이상 발생되는 작업

- 110 dB 이상의 소음이 1일 30분 이상 발생되는 작업
- 115 dB 이상의 소음이 1일 15분 이상 발생되는 작업

ⓒ 충격소음작업
- 120 dB을 초과하는 소음이 1일 10,000회 이상 발생되는 작업
- 130 dB을 초과하는 소음이 1일 1,000회 이상 발생되는 작업
- 140 dB을 초과하는 소음이 1일 100회 이상 발생되는 작업

항공종사자는 업무 특성상 이러한 소음에 노출되기 쉽기에 스스로 귀마개(ear plug), 맞춤형 귀마개(custom-fitted ear plug), 귀덮개(ear muff) 등과 같은 청력 보호장구를 상황에 맞게 적절하게 사용하여야 한다.

(4) 피로

피로(疲勞, fatigue)란 지치는 느낌이 있고 업무 능률이 저하되며, 신체기능의 변화가 생기는 현상을 말한다. 피로는 과학적인 정의라든가 객관적인 피로의 정도 측정이 곤란하다. 그에 따라 의학적인 생리적 변화가 감지된다거나, 심리적인 압박감 및 업무 능률이 떨어지는 현상이 나타나면 일반적으로 피로한 상태라고 간주하고 있다.

일본 산업학회에서는 피로에 대한 자각 증상으로 다음과 같이 분류하고 있다.

① 제1군 : 졸음과 권태(노곤하다, 머리가 띵하다 등의 느낌)
② 제2군 : 주의집중 곤란(초조하다, 마음이 심란하다 등의 느낌)
③ 제3군 : 신체 위화감(아프다, 숨이 차다 등의 느낌)

피로를 분류한다면 발생 시기에 따라 갑작스레 발생하는 급성피로, 항상 피곤하다고 느끼는 만성 피로, 지속적인 피로가 누적된 누적성 피로 등으로 분류할 수 있다. 또한, 피로의 발현에 따라 신체적으로 피로를 느끼는 육체적 피로, 심적인 부담으로 작용하는 정신적 피로로 분류할 수도 있다. 이 중 정신적 피로에 대해서는 '정신적 항공생리학' 단원에서 다루기로 한다.

우선, 육체적 피로는 국소피로와 전신피로로 구분된다. 국소피로는 국소적으로 근육에 발생하는 피로의 형태로, 지속적이며 반복적인 근육 수축이 원인이라고 볼 수 있다. 국소피로의 경우, 근육의 수축과 이완이 교대로 일어나는 동적 작업보다 근육이 지속적으로 수축 상태를 유지하는 정적 작업을 수행할 때 더 발생할 소지가 높다. 국소피로는 근 조직에 산소 및 영양소(포도당) 공급, 노폐물 제거, 혈액 순환 촉진 등에 의해 상당 부분 개선될 수 있다. 전신피로는

신체 운동의 증가에 따른 심폐계통의 부담 증가가 원인이 되어 발생한다고 볼 수 있다. 업무를 실시할 때, 작업의 소화능력도 일종의 운동능력으로 생각할 수 있다. 전신피로를 예방하기 위해서는 운동능력을 제한하는 것인데, 작업할 때도 이것이 그대로 적용된다. 대표적인 예를 든다면 1시간 작업 시에는 신체 에너지 소모율을 50% 이내로 하고, 8시간 작업 시 에너지 소모율 33% 이내로 하는 등 작업능력을 조절하는 업무환경이 필수적이며, 업무를 수행하는 개인도 적절히 작업능력을 조절하는 것이 필요하다고 할 수 있다.

또한, 육체적 피로는 업무의 능률적인 측면과 깊은 관계를 가진다. 항공종사자에게 있어 업무 능률은 매우 중요하며, 육체적 피로를 관리하는 것이 필수적이다. 그리고 업무 능률은 연령에 따라 감소(60대의 반응시간은 40대의 2배 소요)하지만, 연령이 높은 사람은 경험과 숙련도에 의해 어느 정도 보완되기도 한다. 이에 따라 연령이 증가할수록 보다 적극적인 피로관리가 필요한 것이다. 항공종사자 중 운항승무원의 경우, 비행 전후 최소한 8시간의 중단 없는 수면과 8~12시간의 휴식이 필요하며, 정기 휴가 이외에도 수시로 짧은 휴식을 가지고 주기적인 운동 및 피로 유발요인을 제거하여 항상 좋은 상태의 신체를 유지하여야 한다.

앞서 '스트레스' 단원에서 언급한 바 있는 생활 패턴과 바이오리듬의 연장적인 의미에서 시차에 대해서도 고찰할 필요가 있다. 운항승무원의 경우, 시차에 영향을 받는 근무환경이기 때문에 시차로 인해 업무능력 저하를 비롯한 인적오류가 발생할 소지가 다분하다. 따라서 이러한 원인을 미연에 방지하기 위해 임무 종료 후 충분한 수면과 휴식을 하고 평소 체력 단련을 실시하며, 약물·음주·흡연·식사 등 영향을 미칠 수 있는 인자에 대해 주의 깊게 살펴야 할 것이다.

이에 따라 항공종사자의 피로관리와 관련하여 〈항공안전법〉에서는 명확하게 다음과 같이 제시하고 있다.

항공안전법 제56조(승무원 등의 피로관리)

① 항공운송사업자, 항공기사용사업자 또는 국외운항항공기 소유자 등은 다음 각 호 어느 하나 이상의 방법으로 소속 운항승무원 및 객실승무원(이하 승무원이라 한다.)과 운항관리사의 피로를 관리하여야 한다.

1. 국토교통부령으로 정하는 승무원의 승무시간, 비행근무시간, 근무시간 등(이하 이 조에서 "승무시간등"이라 한다) 또는 운항관리사의 근무시간의 제한기준을 따르는 방법

2. 피로위험관리시스템을 마련하여 운용하는 방법

② 항공운송사업자, 항공기사용사업자 또는 국외운항항공기 소유자 등이 피로위험관

리시스템을 마련하여 운용하려는 경우에는 국토교통부령으로 정하는 바에 따라 국토교통부장관의 승인을 받아 운용하여야 한다. 승인 받은 사항 중 국토교통부령으로 정하는 중요 사항을 변경하는 경우에도 또한 같다.

③ 항공운송사업자, 항공기사용사업자 또는 국외운항항공기 소유자 등은 제1항 제1호에 따라 승무원 또는 운항관리사의 피로를 관리하는 경우에는 승무원의 승무시간 등 또는 운항관리사의 근무시간에 대한 기록을 15개월 이상 보관하여야 한다.

〈개정 2020. 12. 8.〉

4) 정신적 항공생리학

(1) 정신적 피로

앞서 지치는 느낌이 있고 업무 능률이 저하되며, 신체기능의 변화가 생기는 현상인 피로(疲勞, fatigue)에 대해서 언급한 바 있다. 육체적인 피로 이외에도 정신적으로 느끼는 피로도 항공종사자의 업무 수행에 있어 영향이 큰 인자이기 때문에 정신적 피로에 대해서도 관리할 필요성이 있다. 정신적 피로의 발생 원인은 정말 다양하지만 하나의 원인으로 종합해 보면 환경에 기인하는 것을 알 수 있다. PEAR 모델이나 SHELL 모델에서의 'E'가 의미하는 환경(Environment)이 인적요인 중 대표적인 요소에 포함되는 것을 보아도 환경적 요소가 여러 가지 인적오류에 영향을 미친다는 것을 반증해 준다.

정신적 피로의 원인을 살펴보면 다음과 같다. 우선, 누적된 수면 부족은 육체적 피로와 정신적 피로를 모두 야기하는 요소이다. 정신적 피로의 원인이 되는 대표적인 환경적 요인은 작업환경과 인간관계에 의해 발생하는 원인이 대표적이다. 정신적 피로를 유발하는 작업환경은 심리적 및 감각기관의 부하가 큰 작업환경, 시간에 쫓기거나 정신 긴장이 지속되는 작업조건, 단조롭고 지루한 작업, 작업 수준과 비교하여 부당한 보수 등이 있다. 또한, 인간관계에 의해 발생하는 원인은 주변 관심의 결여로 인한 의욕 상실, 동료로부터 본인의 업적에 대해 정당하게 인정받지 못하는 상황적 요인, 원만치 못한 인간관계, 가정생활의 어려움 등이 있다.

이러한 정신적 피로는 인적오류를 가져올 소지가 많다. 정신적 피로로 인해 발현되는 대표적인 증상으로는 정신 흥분, 주의력 결핍, 불면, 기억력 감퇴, 비판에 대한 수용력 감소, 위장장해, 음주 및 약물에 대한 의존성 등이 있다. 이러한 이유에 의해서 항공종사자는 정신적 피로의 관리가 특히 필요하기 때문에 관리자 또는 항공운송사업자의 입장에서는 환경적인 요인에 대해 상황에 따라 적절한 조치를 해 줄 필요가 있다. 또한, 업무를 수행하는 당사자도 효율적인 업무 수행을 위해서 정신적 피로의 원인이 되는 요인들에 대한 관리가 필요할 것이다.

(2) 음주 및 약물 복용

① 음주(drinking)

알코올이 인간의 능력에 영향을 미친다는 것은 널리 알려진 사실이다. 알코올은 인체의 중추신경에 영향을 미쳐 감각을 무디게 하고 반응속도를 저하시키며, 판단력을 흐리게 하는 등의 작용을 한다. [표 3-2]는 혈중 알코올 농도에 따른 체내 영향에 대해 보여 주고 있다. 혈중 알코올 농도는 성별·체중·음주량·음주속도에 의해 조금씩 차이는 있지만, 알코올이 인체에 미치는 영향은 어떤 사람이라도 피해 갈 수 없는 것이다.

[표 3-2] 혈중 알코올 농도에 따른 체내 영향

혈중 농도	체내 영향
0.01~0.05%	보통 성인의 경우 정상 반응
0.03~0.12%	다소 황홀, 말이 많아짐, 자제력 주의 감소, 판단장애
0.09~0.25%	정서 불안, 비판, 기억 이해력 소실, 감각 둔화, 근육 부조화
0.18~0.30%	혼란, 어지러움, 정서 발작, 시각장애, 동통, 균형감각 소실, 발음 부정확, 몸을 가누지 못함
0.27~0.40%	무감각, 의식장애, 자극에 무반응, 기립보행 불가, 구토

혈중 알코올 농도 0.02%는 취하기 시작하는 단계이지만 체내에서 큰 반응을 보이지 않으며, 0.05% 정도가 되면 알코올이 대뇌에 작용하기 시작하여 기분이 좋아지는 것을 느끼고 말이 많아지며, 자제력이 약해져 판단장애가 일어날 소지가 있다. 2019년 음주운전 처벌 기준이 혈중 알코올 농도 0.05%에서 0.03%로 강화된 것을 보아도 음주가 인간의 판단 기준에 큰 영향을 준다는 것은 부인할 수 없는 사실인 것이다.

연구 결과들을 살펴보면 혈중 알코올이 소실되기까지는 기본적으로 8시간 정도 소요되며, 혈중 알코올 농도가 0으로 내려가기 위해서는 음주 후 24시간이 경과해야 된다고 알려져 있다. 이는 전날의 음주가 다음날 업무 수행에 영향을 미칠 수 있다는 것을 의미한다.

특히, 항공종사자의 경우 판단능력이 중요하기 때문에 음주에 관해서는 엄격하게 관리되어야 하며, 그에 따라 항공종사자의 음주·흡연 등에 관련한 다음과 같은 법 규정을 통해 규제하고 있다.

항공안전법 제57조(주류 등의 섭취·사용 제한)

① 항공종사자(제46조에 따른 항공기 조종연습 및 제47조에 따른 항공교통관제연습을 하는 사람을 포함한다.) 및 객실승무원은 〈주세법〉 제3조 제1호에 따른 주류, 〈마약류 관

리에 관한 법률〉제2조 제1호에 따른 마약류, 또는 〈화학물질관리법〉제22조 제1
항에 따른 환각물질 등(이하 주류등이라고 한다.)의 영향으로 항공업무(제46조에 따른
항공기 조종연습 및 제47조에 따른 항공교통관제연습을 포함한다.), 또는 객실승무원의
업무를 정상적으로 수행할 수 없는 상태에서는 항공업무 또는 객실승무원의 업무
에 종사해서는 아니 된다.

② 항공종사자 및 객실승무원은 항공업무 또는 객실승무원의 업무에 종사하는 동안에
는 주류 등을 섭취하거나 사용해서는 아니 된다.

③ 국토교통부장관은 항공안전과 위험 방지를 위하여 필요하다고 인정하거나 항공종
사자 및 객실승무원이 제1항 또는 제2항을 위반하여 항공업무 또는 객실승무원의
업무를 하였다고 인정할 만한 상당한 이유가 있을 때에는 주류 등의 섭취 및 사용
여부를 호흡측정기 검사 등의 방법으로 측정할 수 있으며, 항공종사자 및 객실승무
원은 이러한 측정에 따라야 한다. 〈개정 2020. 6. 9.〉

④ 국토교통부장관은 항공종사자 또는 객실승무원이 제3항에 따른 측정 결과에 불복
하면 그 항공종사자 또는 객실승무원의 동의를 받아 혈액 채취 또는 소변 검사 등
의 방법으로 주류 등의 섭취 및 사용 여부를 다시 측정할 수 있다.

⑤ 주류 등의 영향으로 항공업무 또는 객실승무원의 업무를 정상적으로 수행할 수 없
는 상태의 기준은 다음 각 호와 같다.

1. 주정성분이 있는 음료의 섭취로 혈중 알코올 농도가 0.02% 이상인 경우
2. 〈마약류 관리에 관한 법률〉제2조 제1호에 따른 마약류를 사용한 경우
3. 〈화학물질관리법〉제22조 제1항에 따른 환각물질을 사용한 경우

⑥ 제1항부터 제5항까지의 규정에 따라 주류 등의 종류 및 그 측정에 필요한 세부 절
차 및 측정기록의 관리 등에 필요한 사항은 국토교통부령으로 정한다.

제57조의 2(항공기 내 흡연 금지)

항공종사자(제46조에 따른 항공기 조종연습을 하는 사람을 포함한다.) 및 객실승무원은 항
공업무 또는 객실승무원의 업무에 종사하는 동안에는 항공기 내에서 흡연을 하여서는
아니 된다.

② 약물(drug)

앞서 알코올이 인체의 중추신경에 영향을 미쳐 감각을 무디게 하고 반응속도를 저하시키
며, 판단력을 흐리게 하는 등의 작용을 한다고 언급한 바 있다. 그런데 알코올뿐만 아니
라 약물도 인간의 능력에 영향을 준다는 사실을 간과해서는 안 된다. 물론, 법적으로 금

지된 마약(항공안전법 제57조 ⑤-2)의 경우에는 당연히 복용 및 주사를 해서는 안 되지만 의사의 처방에 의한 약물이라고 할지라도 주의할 필요가 있다. 일반적으로 인간은 일상생활 속에서 건강상의 이유로 진통제·항생제·항히스타민제·소염제 등을 복용하는 경우가 다수 있다. 물론, 의사의 처방에 의한 것이라고 하더라도 해당 약물이 일으킬 수 있는 부작용에 대해서는 무조건적으로 인지하고 있어야 한다.

특히, 항공종사자의 경우 업무 수행을 하는 중에 약물에 의해 졸음, 정신의 몽롱해짐, 갑작스런 피로감 증가 등과 같은 현상이 발현될 경우에 인적오류가 발생할 소지가 다분하기에 어쩔 수 없이 약물을 복용한 경우에는(건강상의 이유) 복잡한 작업이나 조작 등을 피해야 하며, 관리자 또는 항공운송사업자는 약물을 복용한 인원에 대해 일시적으로 업무 배제를 할 필요가 있다.

(3) 항공종사자가 갖춰야 할 심리적 특성

어떤 직업군에서든지 요구되는 덕목들이 있지만, 항공종사자의 경우 갖춰야 하는 덕목 중에 심리와 관계된 부분들이 많다. 우선, 갖춰야 하는 대표적인 심리적 특성은 정서적 안정이다. 정서적으로 안정되어 있어야 인적오류를 최소화할 수 있으며, 그것이 안전과 직결되는 부분이기 때문이다. 그리고 항공종사자가 업무를 수행하는 데 있어서 강한 책임감도 요구된다. 항공종사자는 성취욕과 인내력을 갖추어 책임을 완수하는 바탕으로 삼는 것이 필요하다. 또한 인간관계와 의사소통, 팀워크도 중요한 요소이기에 바람직한 질서의식도 중요한 덕목이 된다.

이러한 덕목과 반대되는 심리적 특성을 가지고 있는 사람들은 항공종사자로서 업무를 수행해서는 안 된다. 대표적으로 정서적으로 불안정한 사람의 경우, 불안 증상이 있으며 성격이 신경질적으로 감정 변화가 심한 특징을 갖고 있기 때문에 인적오류가 발생할 소지가 많다. 또한, 책임감이 없는 경우, 타인에 대한 높은 의존성을 갖고 있기에 팀워크를 저해할 소지가 있다.

이러한 심리적 특성 이외에도 공포증(phobia)을 가지고 있는 사람도 항공종사자로서의 업무 수행에 제약을 받는다. 업무과정에서 발생하는 공포증은 크게 폐쇄공포(claustrophobia)와 고소공포(acrophobia) 등 두 가지가 있다.

폐쇄공포의 경우, 폐쇄된 공간에서 두려움을 느끼는 증상으로, 운항승무원의 경우 좁은 조종실에서의 업무를 수행하기 힘들며, 항공정비사의 경우 항공기 내부 점검 시 연료탱크와 같은 협소한 공간에서 작업 수행이 어렵다.

고소공포의 경우 높은 장소에서 두려움을 느끼는 증상이기에 일단 운항승무원 및 객실승무원의 경우에는 업무에 제약을 받을 수밖에 없다. 또한, 항공정비사의 경우 항공기 날개, 꼬리날개, 동체 상부 등을 점검할 때 작업 수행이 어렵게 된다.

폐쇄공포와 고소공포의 증상이 심각한 경우에는 항공종사자로서의 업무 수행을 전혀 할 수 없다. 그러나 항공종사자 중 항공정비사가 폐쇄공포나 고소공포와 관련 가벼운 증상을 가지고 있는 경우, 관리자 및 항공운송사업자가 항상 소통하며 업무 분담을 적절하게 조치하여 원활하게 업무 수행을 할 수 있도록 도와 주는 것도 한 방법이다.

의사소통과 팀워크

1 의사소통

1) 의사소통의 정의

의사소통(communication)이란 '어떤 사람 및 장소로부터 다른 사람 및 장소에 무언가를 전하는 것'을 말한다. 여기서, '무언가'라는 것은 통상 메시지·신호 혹은 무언가 의미 있는 어떤 매개체라고 할 수 있다. 의사소통이 확실하게 수행되기 위해서는 보내는 쪽과 받는 쪽 모두 올바르게 상호 이해하여야 하며, 이것을 다르게 이해하게 되면 인적오류의 주요 원인이 된다.

다음은 올바른 의사소통의 8가지 요건이다.

① 대화를 할 때 말하기 전에 내용에 대해 잘 생각해 볼 것
② 상대가 그 내용을 바르게 이해할 수 있을지 생각해 볼 것
③ 상대에게 따지는 듯한 어조로 말하지 말 것
④ 왜 그렇게 결정했는지 이해할 수 있도록 대화할 것
⑤ 상대의 말에 명확한 반응을 보일 것
⑥ 상대의 눈을 보고 말할 것(eye contact)
⑦ 상대가 말하고 있을 때, 말을 가로막지 말 것
⑧ 적극적으로 경청하는 자세를 가질 것

2) 항공기 정비작업에서 의사소통의 중요성

항공기 정비에 있어서 항공종사자의 의사소통 능력은 매우 중요하다. 항공정비사·관리자·감독자 등은 효과적인 의사소통을 위한 지식과 능력을 반드시 가지고 있어야 한다.

적절한 의사소통은 다음과 같다.

① 상호 간에 대해 깊은 이해가 있어야 한다.
② 서로 협조적인 자세를 가져야 한다.
③ 작업에 대한 깊은 이해가 필요하다.
④ 의사결정이 용이해야 한다.
⑤ 목적 달성을 위한 행동이 원활해야 한다.

조종사와 관제사의 음성에 의한 의사소통은 안전상 매우 중요하다고 알려져 있다. 한편, 항공정비사에 있어서 의사소통은 일반적으로 음성과 문서로 진행된다. 항공기 정비작업에 있어서 의사소통은 항공기 운항 시 이뤄지는 의사소통과는 약간 특성이 다르다. 물론, 음성에 의한 의사소통도 있지만 일반적으로 중요 사항은 문서에 의해 전달되며 그 결과 또한 문서로 기록된다. 음성에 의해 의사소통을 하는 경우, 격납고 내부와 같이 소음이 심한 환경에서는 정확하게 의사소통이 수행될 수 없다. 그런 환경임에도 불구하고 미묘한 내용의 메시지는 구두로 전달되는 경우가 종종 있기는 하다.

항공기 정비작업과 항공기 운항에 있어서 공통적으로 발생하는 문제점은 부적절한 의사소통에서 기인하는 경우가 많다. 어떤 사례에서 보면 항공기 정비작업 시의 인수인계가 충분하지 못한 상태에서 엔진 정비작업이 완결되지 않은 채 항공기를 운항하여 비행 중에 엔진 오일이 유실되고 엔진이 정지돼 긴급하게 착륙한 경우도 있었다. 또, 중요한 정비작업 절차가 변경되었는데 작업 시트의 관련 내용이 수정되지 않아서 작업 관계자들에게 전달되지 못한 경우도 있었다. 그리하여 작업자들이 기존에 하던 방식으로 작업을 진행하여 중대한 사고의 요인이 된 경우도 있을 수 있다.
이와 같이 의사소통이 부족하여 영향을 주게 되면 다음과 같은 일들이 발생할 수도 있다.

① 작업 품질 및 작업 효율의 저하를 초래한다.
② 중요한 정보가 전달되지 않거나, 정보의 내용이 잘못 이해되어 시간 낭비 및 경제적 손실을 발생시킨다.
③ 관계자에 초조한 마음과 스트레스를 유발한다.
④ 그 결과 인적오류를 발생시키는 요인이 되고, 사고로 이어질 소지가 있다.

한편, 한 사람이 단독적으로 연속해서 작업을 수행하는 경우에 의사소통은 중요한 문제가 아니지만, 항공기 정비작업은 여러 사람에 의해서 실시되며 별도의 그룹을 지어 교대근무로 작업이 진행되는 경우가 대부분이기에 원활한 의사소통은 매우 중요하다. 항공기 정비작업은 연속하여 수행할 필요가 있기 때문에 통상 작업자가 교대하면서 인수인계하여 연속적으로 작업이 진행되게 된다. 따라서 인수인계가 제대로 되지 않으면 중대한 사고로 이어질 가능성이 높아지는 것이다.
일반적으로 근무교대 시 인수인계할 때 주요 사항은 다음과 같다.

① 이전 작업의 종료 시점을 정확하게 구분 짓는다.
② 전번 근무자와 후번 근무자 사이에 작업의 진행 상황에 대해 정보를 교환한다.

③ 후번 근무자는 작업의 책임 범위 등 그 정보를 충분하게 확인하여 작업을 이어서 수행한다.

교대근무 시에는 작업정보에 관하여 정확하게 신뢰성이 높은 의사소통이 수행되는 것이 바람직하다. 그렇게 되면 안전하고 효과적인 작업을 연속적으로 확실히 할 수 있다.

3) 효과적인 의사소통의 방법

데이터에 따르면 두 사람이 마주하여 이야기를 하는 경우, 의사소통의 내용은 통상 7%는 음성 자체인 목소리, 38%는 어조와 같은 발성의 상태 그리고 55%는 몸짓 및 표정 등의 신체언어(body language)로 상대에게 전달되고 있는 것으로 확인되었다. 건전한 의사소통은 일방적인 것이 아닌 상대의 반응이 있을 때 성립된다. 의사소통은 직접적으로 대면해서 이야기하는 것 이외에 전화·무선통신·확성기에 의한 방송 등도 사용되며, 서류나 이메일(E-mail) 등과 같은 문서에 의한 의사소통도 수행되며, 때에 따라서는 이러한 의사소통 방법이 두 가지 이상 함께 사용되는 경우도 있다.

통상 항공기 정비에서 사용되는 의사소통 수단은 음성과 문서이다. 확실한 의사소통이 성립되기 위해서는 정보가 확실하게 전달되는 것과 동시에 전달하는 사람과 듣는 사람이 함께 이해하고 인식하여야만 한다. 의사소통이라고 하는 것은 단순히 전달하는 사람이 정보를 보내고, 상대가 그것을 받는 것만은 아니다. 정보의 발신과 수신 사이에는 몇 가지의 매체와 프로세스가 존재하고 있다.

따라서 이러한 존재에 대해 이해해야 하는 몇 가지 중요한 사항은 다음과 같다.

① 채널(channel)
음성·시간 등 정보가 전달되는 매체를 말한다. 채널은 정보를 전달하는 사람과 받는 사람을 이어 주는 다리가 된다.

② 코드(code)
정보를 전달하기 위한 부호의 조합이다. 긴 단어를 간략화하기 위하여 사용되는 약칭·약어·암호 등이 코드이다.

③ 코드화(encoding)
정보의 내용을 일정한 방식에 의해 부호화하는 것이다. 코드화의 목적은 복잡한 내용을 특정한 부호로 의미 전달을 할 수 있도록 하는 것이다.

④ 해석(decoding)

코드화되어서 전달한 정보를 본래의 의미로 이해하는 것이다. 이를 이해하기 위해서는 특정한 훈련·지식·경험 등을 필요로 한다.

⑤ 피드백(feedback)

정보가 일방적으로 전달되는 경우가 있기 때문에, 적절한 의사소통을 위해서는 정보를 받는 사람이 전달하는 사람에 대해 반응을 보이는 것도 매우 중요하다. 그리하여 받는 사람의 이해 정도를 알 수 있고, 전달하는 사람은 올바르게 전달하였는지를 확인할 수 있다.

⑥ 프로토콜(protocol)

정보를 전달하는 사람과 받는 사람 사이의 약속이다. 이러한 약속을 문제없이 수행하기 위해서 갖추어야 할 덕목은 다음과 같다.

㉠ 간단한 단어로 정보를 전달할 수 있다.
㉡ 일반적인 단어로 특정한 의미를 가지게 할 수 있다.
㉢ 단어의 조합으로 결정된 정보를 전달할 수 있다.

항공기 지상 유도 시에 사용되는 수신호도 프로토콜의 일종이라고 할 수 있다. 다만, 다른 조직 혹은 다른 근무환경을 가지고 있는 사람에게는 이러한 수신호가 다르게 이해될 수 있고, 완전히 별개의 의미가 되어 이해할 수 없는 상황이 발생할 소지가 있으므로 주의가 필요하다.

⑦ 자기 노출(self-disclosure)

자기 자신에게 있어서 중요한 내용을 다른 사람이나 조직에 명확하게 밝히는 단계이다. 여기에서 신뢰를 얻고 공감을 받는 것이 가능하다면 원활한 의사소통이 될 수 있다. 다만, 과도한 자기 노출은 때에 따라서 상대방에게 불쾌감을 줄 수도 있으니 유의할 필요가 있다.

따라서 건전한 의사소통은 매우 중요한 내용이라고 할 수 있다. 한 사람의 개인적인 입장에서 접근해 보면 건전한 의사소통을 위해서 건전하게 자기주장을 하는 것도 중요하다고 할 수 있다. 항공기 정비는 팀별로 그룹을 이루어 수행되는 경우가 많기 때문에 팀을 구성하는 사람들이 의사소통에 의해 공통의 목표와 이해를 가지는 것이 매우 중요하다. 이러한 경우, 건전한 자기주장은 팀의 활동에 있어서 꼭 필요한 덕목이라고 할 수 있다. 단순한 자기주장과 구별하여 건전한 의사 표시는 팀을 구성하는 구성원의 권리라고 생각할 수 있다. 이러한 권리에는 '경우에 따라 반대의 의사 표시를 하는 것', '자신의 아이디어를 제시하는 것', '정보에 대해서 한 번 더 되묻는 것' 등이 포함된다. 예를 들어 '작업이 적절하게 수행되지 않았다고 판단하는 경우 검사 결과의 합격이라고 서명하지 않는 것' 혹은 '행동의 적절성을 질문하는 것', '작업을 수행하는 데 적절한 인원을 요구하는 것' 등도 자기주장의 사례라고 볼 수 있다. 그러한 자기주장에 의해서 자신이 속한 팀은 반대의 관점에서 현상을 바라볼 수 있는 계기가 될 수 있으며, 건설적인 입장에서 오픈 마인드(open mind)로 비판할 수 있는 분위기가 형성되어 조직의 발전에 기여할 수도 있다. 이것은 팀의 효과적인 활동에 있어서 꼭 필요한 요건이라고 할 수 있다.

또한, 정보를 전달할 때 상황에 따라서 인체의 감각 중에 청각 또는 시각에 의존해야 하는 경우가 있다. 이러한 시각적 정보 및 청각적 정보를 사용해야 하는 상황에 대한 가이드라인은 다음과 같다.

① 청각적 표현을 적절하게 사용해야 하는 경우
  ㉠ 간단한 메시지
  ㉡ 짧은 메시지
  ㉢ 나중에 확인하지 않아도 되는 메시지
  ㉣ 시간적인 상황과 관련된 메시지
  ㉤ 즉각적으로 행동할 필요가 있는 메시지
  ㉥ 시각적 시스템이 잘 구비되어 있는 경우
  ㉦ 정보를 취득하는 장소가 너무 밝거나 혹은 어둡지만 작업의 연속성을 위해 자리를 뜨지 못하는 경우

② 시각적 표현을 적절하게 사용해야 하는 경우
  ㉠ 복잡한 메시지
  ㉡ 긴 메시지
  ㉢ 나중에 추가적으로 확인할 필요가 있는 메시지
  ㉣ 공간의 위치에 관한 메시지
  ㉤ 즉각적인 행동을 필요로 하지 않는 메시지
  ㉥ 청각적 시스템이 잘 구비되어 있는 경우
  ㉦ 정보를 취득하는 장소의 소음이 지나치게 크더라도 작업의 연속성을 위해 자리를 뜨지 못하는 경우

① 효과적인 의사소통

　㉠ 의사소통은 문서·음성·몸짓 등에 의해 표현되고 전달되며, 복수의 의사소통 수
　　단을 동시에 사용함으로써 인적오류의 발생 가능성을 감소시킨다.

　㉡ 정보에 대하여 피드백(feedback)하는 것은 의사소통의 정확도를 증가시킨다.

　㉢ 복잡한 내용을 설명하거나 정보의 신뢰성을 높이기 위한 효과적인 의사소통을
　　위해서 어조, 단어 선정, 발음의 정확성 등의 언어 표현 방식이 도움이 된다.

　㉣ 현재 및 미래에 관한 상황의 정확한 인식은 의사소통이 잘되었는지의 여부에 따
　　라 결정된다.

　㉤ 의사소통의 성공은 공통의 목표·사고방식에 의해 의존하고 있다.

　㉥ 문서화에 의한 의사소통은 사용자가 필요하다고 생각되는 정보를 문서에 기록하
　　는 것으로, 그 내용이 필요한 정보의 구분·형식 등을 만족시켜야 한다.

② 효과적인 의사소통을 방해하는 요소

　㉠ 필요한 정보가 불필요한 정보 및 외부의 잡음 등에 의해 방해받게 되면 정보를
　　이해하는 것에 더 많은 시간과 노력을 필요로 하는 경우가 있다.

　㉡ 일상적인 표현은 때에 따라서 의미 전달이 애매해지는 경우가 있다.

　㉢ 정보 전달은 사용되는 의사소통 수단의 용량의 제한을 받는다.

　㉣ 오해는 의사소통을 할 때 사람의 본성으로 피할 수 없는 요소이다. 오해를 최소
　　화하거나 오해를 풀고자 하는 노력이 필요하다.

　㉤ 사람과 조직은 "의사소통을 잘하는 것은 어려운 것은 아니며, 그다지 노력할 필
　　요도 없다."라고 안이하게 생각하는 경우가 많다. 이와 같은 자기 과신 및 일방
　　적인 확신은 항상 발생할 수 있는 일이다.

③ 효과적인 인수인계의 방법

　㉠ 작업에 관한 정보는 복수의 수단으로 한다. 예를 들면 문서와 음성을 함께 사용
　　하여 전달하는 것이 바람직하다.

　㉡ 피드백에 의한 쌍방향 의사소통이 필요하다. 인수인계할 때는 서로 대면하여 이
　　야기하면서 정보를 주고받는 것이 바람직하다.

　㉢ 의사소통의 실수 및 오해는 정보를 주고받는 사람의 생각이 서로 다를 때 일어나
　　기 쉽다. 이것은 일반적인 직장에서 상호 간에 오랜 시간 접촉이 없던 경우, 숙
　　련자와 초보자 사이에서 자주 발생한다. 그와 같은 경우, 생각을 서로 맞춰 가며
　　인수인계하는 시간을 가지는 것이 필요하다.

    ② 근무교대의 인수인계에 사용되는 업무일지·전산기록 등은 정확한 의사소통을
       위해서 중요한 매체이다.

  ④ 인수인계 시의 유의점
    ㉠ 중요한 정보는 확실하게 제시하고, 불필요한 정보는 포함시키지 않는다. 애매한
       표현을 자제하는 노력을 해야 한다. 애매한 표현을 자제하기 위해서는 상호 간
       에 확인해야 한다.
    ㉡ 불필요한 정보는 배제해야 한다.
    ㉢ 정확한 의사소통을 달성하기 위하여 서로가 책임을 지고 쌍방향 의사소통을 실
       시한다.
    ㉣ 조직은 일방적인 전달이 되지 않도록 의사소통의 실수 가능성과 그 결과에 유의
       해야 하고 효과적인 의사소통 문화를 만들며, 구성원의 의사소통 기술을 높일
       수 있는 방안들에 대해 고민해야 한다.

4) 비언어적 의사소통

언어를 사용하지 않고도 의사를 전달하는 것은 가능하다. 예를 들면 얼굴의 표정, 손과 팔의 몸짓 등 신체언어(body language)라고 불리는 수단으로, 이들은 언어 이상으로 정보 전달이 가능하다. 문서도 언어를 사용하지 않고 의사소통이 가능한 수단이지만, 신체언어 및 어조의 변화 등을 사용하여 의사소통을 할 때와 비교하면 미묘한 의미를 전달하기에는 약간의 무리가 있다. 또한, 문서를 읽음으로써 정보를 받는 경우에 독자로부터 곧바로 피드백을 받을 수 없는 점도 특히 유의해야 되는 부분이다.

따라서 문서에 의한 의사소통 시의 유의점은 다음과 같다.

① 완전한 메시지를 전달할 것
② 쉬운 문장으로 표현할 것
③ 문제점을 정확하게 표현할 것
④ 읽기 쉽도록 표현할 것
⑤ 추상적으로 표현해서는 안 되며 숨겨진 의미를 가지고 있지 않을 것

[그림 4-1]은 문서에 의한 의사소통의 4C를 표현하고 있다. 여기에서 살펴보면 'Clear'의 의미는 전달 내용이 명확해야 한다는 뜻이며, 'Correct'는 내용이 정확해야 한다는 뜻이다.

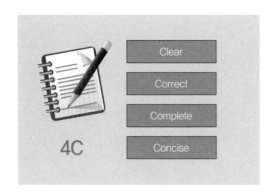

[그림 4-1] 문서에 의한 의사소통의 4C

'Complete'는 문서는 반드시 완결하여 제시해야 한다는 의미이며, 'Concise'는 문장을 표현할 때 간결한 표현을 할 것을 주문하고 있다.

이와 같이 문서에 의한 의사소통에도 유의하고 지켜야 할 부분이 많이 존재한다. 특히, 항공기 정비작업에 있어서 인적요인의 관점에서 볼 때 작업기록은 매우 중요한 부분으로 자리 잡고 있다. 작업기록을 구비해 두지 않은 경우, 중대한 사고의 요인이 될 수 있다. 교대근무로 작업을 수행하는 경우, 전번 근무자가 작업을 수행했던 작업이 완결되지 않은 경우도 종종 있을 수 있다. 그와 같은 경우에 그러한 상황에 대해서 정확하게 기록하여 다음 근무자에게 정확하게 인수인계해야 한다. 또, 작업을 완결한 경우에도 그러한 사항을 정확하게 기록하여야 인적 오류를 줄일 수 있다.

다음은 항공기 정비 관련 기술문서를 작성하기 위한 가이드라인이다.

① 정보를 읽기 쉽게 작성
  ㉠ 활자의 배열
  • 세로 간격, 가로 위치, 단락, 제목의 위치 등 문장의 배치와 관계된 부분을 가능한 한 알기 쉽게 작성한다.
  • 굵은 글씨, 기울임, 이탤릭체, 밑줄, 글씨의 색채와 크기 등을 필요에 맞게 적절히 사용한다.
  • 가급적 원문에 나와 있는 양식을 따른다.
  • 활자의 배치는 그 문서 내에서는 일관성을 유지한다.
  ㉡ 용어 및 문자
  • 쉼표·마침표·따옴표 등 문장부호를 붙인다.
  • 의문문의 마지막에는 물음표를 붙인다.
  • 대문자만으로 쓸 수 없기에 대문자와 소문자를 함께 사용한다.

- 명사를 알기 쉽게 표시한다.
- 일반적으로 사용되고 있는 글씨체를 사용한다.

② 인쇄 품질의 기준 : 항상 일정한 인쇄 품질을 유지할 수 있도록 프린터와 같은 인쇄기기를 보수·관리한다.

③ 정보 내용
  ㉠ 항공정비사가 그 정보를 빠르게 인식하여 내용을 올바르게 이해할 수 있도록 표현에 신중을 기한다.
  ㉡ 정확한 정보를 기록한다.
  ㉢ 무엇을, 어디서, 어떻게, 또 어떤 순서로, 무엇에 주의해서 실시해야 하는지 등과 같은 육하원칙에 기준하여 명확하게 작성한다.
  ㉣ 정보는 항상 최신 정보로 기록한다.
  ㉤ 정보는 간결함·세심함 및 장황함 등을 적절하게 하여 균형에 맞도록 작성한다.

④ 그래프 및 도표에 의한 정보
  ㉠ 부품의 장착, 파트의 위치 등은 문장만으로 표현하는 것을 피하고 가능한 한 입체적인 그림으로 표시한다.
  ㉡ 문장은 그림을 설명하기 위해 있는 것이다.
  ㉢ 그림의 배치 및 번호는 일정하게 유지한다.
  ㉣ 그림은 항공정비사가 동일한 위치에서 본 것과 유사한 것으로 첨부한다.
  ㉤ 극단적인 원근법은 피해야 한다.
  ㉥ 작업지시서 및 첨부된 그림에는 관련 번호를 꼭 넣어 준다.
  ㉦ 기술용어는 정확하게 사용해야 한다. 예를 들어 'section'과 'view'를 동의어로 사용해서는 안 된다.
  ㉧ 대칭적인 작업에는 각각의 그림을 첨부한다. 예를 들어 우측 주 날개와 좌측 주 날개의 작업에 동일한 그림을 사용하는 것을 피한다.
  ㉨ 크기를 달리하는 확대도 등에는 확대한 정도에 대한 정보를 꼭 첨부하도록 한다.

⑤ 정보의 구성
  ㉠ 정보의 분류
  - 직접적인 정보, 참고할 만한 정보, 경고, 주의, 해설, 방법 등을 명확하게 구분한다.
  - 명령 정보는 목적어(ex. valve의), 내용(ex. 손상을), 명령동사(ex. 확인하라)로 구분한다.
  - 각각의 지시에는 2개 혹은 3개 이상의 행위를 동시에 포함해서는 안 된다.
  ㉡ 정보의 단계 첨부 : 가능하다면 경험자와 초보자에 대한 정보를 분리해서 주는 것이 좋

다. 같은 일에 있어서도 초보자에게는 가능한 한 자세한 정보를, 숙련자에게는 간결한 정보를 주는 것이 바람직하다.

⑥ 그 외의 관련 사항

  ㉠ 작업지시서의 작업 지시의 순서는 통상 항공정비사가 실행하는 자연스러운 순서에 맞게 하는 것이 좋다.

  ㉡ 페이지는 통상 정보 단위로 하는 것이 좋다. 페이지가 넘어가면 연속적인 작업이 이루어지지 않을 수도 있다. 그 페이지에서 시작된 작업은 그 페이지에서 종결하는 것이 바람직하다.

⑦ 취급과 환경적인 조건

  ㉠ 작업지시서의 크기는 손에 들고 다니기 편한 것이 좋다. 지나치게 큰 도면을 첨부하는 것은 피하는 것이 좋다.

  ㉡ 작업지시서의 사용환경을 고려하여 전체 크기는 너무 무거워서는 안 된다.

  ㉢ 조명이 어두운 장소에서도 보기 편해야 한다.

2 팀워크

1) 팀워크의 개념

항공기 정비작업은 일반적으로 여러 명의 작업자에 의해 수행되는 경우가 많다. 예를 들어 항공기를 이동시키기 위해서 토잉카의 운전사, 조종실 내의 운항승무원, 항공기가 이동하는 과정에서 주변을 경계하는 여러 명의 감시자 등으로 구성된 팀을 필요로 한다. 대형 엔진을 교환할 때에는 엔진 작업자 외에 유압·전기계통의 작업자 및 검사관 등이 포함된 팀을 필요로 한다. 기체의 정비·점검작업에서는 많은 항목에 대해서 작업하는 여러 명의 항공정비사를 필요로 한다.

이와 같은 작업 그룹은 어떤 기간 함께 작업하기 때문에 구성원 간의 의사소통이 점차 원활해지므로 팀이라는 강력한 힘이 생기게 된다. 팀이란 사람이 모여 있는 그룹과는 다르다. 팀이라고 하는 것은 같은 목적을 가지고 행동하는 사람들이 모여 있는 곳이다. 항공기 정비작업에서의 팀의 개념은 더욱 끈끈하게 구성되어 있어 다른 업종과 비교할 때 약간 차이가 있는 편이다. 또한, 기업 특유의 문화가 존재할 때는 반드시 그 점에 유의해야 한다.

2) 효과적인 팀워크

대부분의 작업자는 공동으로 작업하는 것에 어떠한 반감을 느끼지는 않지만, 때에 따라서 다른 사람과 융화되지 못하는 사람이 존재한다면 팀의 운영이 어려워진다. 다른 사람의 이야기를 진지하게 듣지 않거나, 다른 사람의 도움을 싫어하거나, 자기 멋대로 작업을 진행하고자 하는 사람이 있는 등 이러한 경우에는 팀의 효율과 사기는 저하되기 쉽다. 따라서 효과적인 팀워크를 만드는 방법 및 효과적인 팀을 유지하기 위한 전략에 대해서 알아 둘 필요가 있다.

① 목적의 명확함

팀 구성원 전원이 납득할 수 있는 명확한 목적 또는 사명을 가져야 한다.

② 자유로운 분위기

팀 전체가 릴렉스(relax)한 분위기가 되고, 구성원은 불필요한 긴장을 느끼지 않아야 한다.

③ 구성원 전원의 참가

팀 구성원 사이에 충분한 토의가 이뤄져야 하며, 전원이 의견을 결정하고 행동하는 데 참가할 수 있어야 한다.

④ 경청

팀 구성원은 상호 간에 상대방의 의견을 적극적으로 들을 수 있어야 한다.

⑤ 반대 의견 수용

팀 구성원은 상황에 따라서 반대 의견이 나오는 경우에도 흔쾌히 그 의견을 잘 들을 수 있어야 한다.

⑥ 열린 마음

열린 자세로 의사소통을 수행하고, 중요한 내용이 감춰지지 않도록 해야 한다.

⑦ 명확한 목표

팀 구성원이 완수할 만한 목표가 명확해야 하며, 각 구성원의 업무가 확실하게 분담되어야 한다.

⑧ 리더십의 분담

정식적인 팀의 리더가 있더라도 때와 상황에 따라 구성원 한 사람 한 사람이 책임을 분담할 수 있어야 한다.

⑨ 다른 팀과의 관계

업무에 관계가 있는 다른 팀과 책임 범위를 명확하게 하고, 서로 호의적인 관계를 유지해

[그림 4-2] 효과적인 팀을 유지하는 5가지 전략

야 한다.

⑩ 팀의 유지

팀 구성원은 처음 목적을 달성한 것에서 끝나는 것이 아니라 자신의 능력을 지속적으로 인식하고 유지해야 한다.

[그림 4-2]에서 효과적인 팀을 유지하는 5가지 전략에 대해 살펴볼 수 있다. 우선 목표를 구체적으로 정해야 한다. 예를 들어 인적요인에 의한 고장 발생률 0%를 지향한다거나, 작업 시 부상사고를 감소시킨다거나 등 팀 구성원 전원이 목표를 지향하는 것뿐만 아니라 달성할 수 있도록 노력하는 것이다.

다음으로 팀을 보전하는 것이다. 사명을 달성하기 위하여 팀에 소속된 구성원으로 누가 있는지를 확실하게 인지해야 한다. 이는 같은 시간에 함께 작업하는 동료뿐만 아니라 교대근무를 하는 동료에 대해서도 동일하게 적용된다. 자신의 팀 동료가 누구인지 확실히 인지하면 각자 분담한 업무와 책임이 명확해진다.

그에 따라 팀 구성원 전원과 의사소통을 수행하는 것도 중요한 전략 중 하나가 된다. 만약 팀 구성원 전원이 동시에 모이는 것이 불가능한 경우라도 정보는 전원에게 전달되어야 할 필요가 있다. 구성원 모두가 평등하게 책임을 가지는 경우에 만일 정보가 누군가에게 전달되지 않았다면 팀이 가지는 역량은 현격하게 저하될 수밖에 없다. 의사소통의 방법은 아침 회의 및 교대근무 시 인수인계와 같은 수단뿐만 아니라 회보(조직의 최신 정보가 나오는 간행물)의 발행이나 비공식적인 모임, 이메일 등에 의해서도 이루어질 수 있다.

올바른 의사소통이 이루어지게 되면 구성원 상호 간의 신뢰도가 높아지는 효과를 기대할 수 있다. 이 또한 하나의 전략으로 볼 수 있다. 그러므로 구성원 상호 간의 신뢰관계를 유지하는 것이 매우 중요하다. 한 번 결정된 일은 항상 그 규정에 맞게 따라야 하며, 만약 팀 단위에서 무언가 약속한 것이 있다면 반드시 지킬 수 있도록 노력해야 한다. 상호 간의 믿음에서 비롯되는 신뢰관계는 팀의 활동에 있어서 매우 중요한 요소로 작용한다.

마지막 전략으로는 협력이 있다. 협력이란 협동·협업 등과 같은 말로도 사용될 수 있다. 팀 구성원은 상호 간에 서로 협력관계에 있어야 한다. 팀이 성공하면 각 개인도 함께 성공한다는 마음으로 팀을 우선으로 두고 행동하면 개인도 함께 성장할 수 있는 순기능을 가지게 된다.

3) 팀의 구성과 발전

사람들이 모여 팀을 구성하는 경우, 충분한 역량을 발휘할 수 있을 때까지는 시간이 걸릴 수밖에 없다. 먼저 서로를 이해하고 상대를 받아들이는 자세가 필요하다. 그리고 팀에게 주어진 과제를 확실하게 부여하여 어느 정도로 실행할지를 맞춰 보게 된다. 이 단계에서는 팀의 리더가 중요한 역할을 해야 하며, 정해진 규정 및 절차 등을 확실히 주지시켜야 한다. 팀의 의사결정을 할 때 팀 구성원 전원의 의사를 일치시키기 위해서는 충분한 토의가 필요하다. 여기에서 오해가 발생한다면 오해를 풀어 주어야 하며, 그렇게 되면 구성원 상호 간에 있던 마음속의 장벽이 허물어질 수 있다. 이 단계에서 반대 의견이 나올 수도 있지만, 반론과 감정적인 대립은 다르다는 것을 인지하여 상대의 의견을 우선적으로 존중해 주어야 한다. 서로가 상대의 의견을 존중하여 의견을 교환, 타당한 결론에 이르도록 노력해야 한다. 토의에 있어서 유의해야 할 사항은 [그림 4-3]의 내용과 같다.

[그림 4-3] 토의 시 유의해야 할 사항

팀이 구성되고 어느 정도 시간이 지나 성숙해지면 거기에는 자연적으로 어떤 풍습이나 규범이 생기게 된다. 이러한 규범에는 바람직한 규범, 그렇지 못한 규범이 있다. 적극적이며 발전적인 규범과 문화는 존중해야 하지만, 작업을 생략하거나 익숙한 작업이라고 해서 기준에 따르지 않거나 하는 등의 풍습은 반드시 개선되어야 한다. 오랜 기간 동안 바람직하지 못한 습관이 지속되면 거기에 익숙해져서 문제가 있어도 알아차리지 못하는 상황이 올 수도 있다. 팀의 바람직하지 못한 풍습은 중대한 사고로 이어질 수도 있기에 팀은 반드시 긍정적인 방향으로 발전해 나가야 한다.

CHAPTER

05

조직관리와
리더십

ICAO의 제6부속서에 따르면 인적요인의 요건이라고 하는 정비 프로그램(maintenance program)의 설정 및 적용에 해당하는 인적요인의 원리(human factors principles)를 반영시켜야 한다. 여기에서 말하는 정비 프로그램이란 단지 기체나 장비품의 정비시간 간격 및 작업 내용을 규정한 정비요목 등 기술적 요건뿐만 아니라 정비와 관계되는 조직 본연의 자세에 대한 내용도 포함되어 있다. 즉, 인적요인을 고려한 정비 시스템에 대해서 다루고 있다고 생각할 수 있다. 여기서 몇 가지의 예를 들어 보면 '작업자 및 당사자에 대한 인적오류 방지' 혹은 '조기에 결함을 발견하는 방책' 등이 대표적인 프로그램으로 실시되고 있으며 그에 따라 효과를 어느 정도 보고 있지만, 최근에는 그것만으로는 충분하지 못하다고 보는 견해가 많아지고 있다.

지금까지 발생한 몇 가지의 사고 사례를 살펴보면 알 수 있듯이 작업자가 현장에서 실수한 것에 의한 사고가 많다고 되어 있지만, 그 인적오류(작업자의 실수)를 발생시키기 쉬운 배후환경이 큰 영향을 주었다는 사례도 적지 않다. 그러한 인적오류를 더욱 감소시키기 위해서는 개인의 역량만으로는 한계가 있으며 조직 차원의 구체적 노력이 필요하다.

이를 위해서는 다양한 방법들이 고려되고 있는데, 대표적인 예시를 들면 다음과 같다.

① 인적오류의 방지를 위한 부서를 만들고, 기업 차원에서 인적오류 방지와 관련 적극적으로 노력하는 풍토를 조성한다.
② 구성원에게 인적요인에 대한 이해를 높이기 위한 교육 및 훈련을 실시한다.

1) 항공기 정비 조직 내 인적요인 관련 팀 구성

항공기 정비작업에 있어서 인적오류를 방지하기 위한 조직 차원의 노력으로 인적요인과 관련된 팀이나 부서를 구성하는 방법이 있다. 이러한 방법을 이용, 조직적 차원의 대응을 위해서 다음과 같은 것들을 고려할 필요가 있다.

① 조직 내에 인적요인에 관한 문제를 처리하는 부서를 지정하여 교육 및 훈련을 받은 담당자를 배치한다.
② 인적요인 담당 부서를 중심으로 기재의 품질과 동일하게 작업의 품질상의 문제(인적오류, 부상사고 발생 등)를 검토한다.

③ 인적요인에 관한 정보를 관계자들에게 주지시킨다.

④ 인적오류(실수·사고 등)에 관한 보고를 쉽게 할 수 있는 풍토를 조성한다.

⑤ 담당 부서는 정보와 현장의 상황 등으로부터 항상 문제점을 파악하고, 적절하게 효과적으로 개선이 수행되었는지 여부를 확인한다.

조직적 차원의 인적요인의 관리를 위하여 부서의 장, 나아가 최고 경영자가 인적오류를 감소시키기 위한 의식을 가져야 하며, 솔선수범하여 인적요인과 관련된 업무를 추진해야 한다.

2) 인적오류 관련 정보 취득

인적요인과 관련된 문제를 검토할 때, 인적오류에 관한 구체적인 정보는 매우 중요하다. 물론, 사고가 발생한 때에는 상세한 조사가 이루어져야 한다. 그러나 기자재의 경미한 고장 발생, 인적오류의 조기 인식, 사고로 연결되지 않는 상황 등의 경우에는 표면적인 보고만으로 끝나고, 인적오류와 관계된 배후의 요인 등에 대한 자세한 검토가 수행되지 않는 경우가 많다. 또한, 당사자로부터도 그러한 인적오류에 대한 상세한 보고가 수행되지 않으면 잠재되어 있던 원인이 개선되지 않고 그대로 남아 있는 상황이 되어 버린다. 그와 같은 경우, 처음 오류를 범한 사람은 재차 오류를 범하지 않을지도 모르지만, 만약 환경이 개선되지 않으면 곧바로 다른 사람이 동일한 오류를 범할 가능성이 충분히 남아 있게 된다. 이러한 일을 방지하기 위해서 발생한 오류의 원인을 알고 적절한 개선을 시행하거나 혹은 다른 사람의 주의를 촉구하기 위해서도 경미한 오류의 정보도 반드시 자세히 기록하고 남겨 두어야 한다.

이와 같이 오류의 정보를 제도화하기 위한 방안은 [그림 5-1]와 같다.

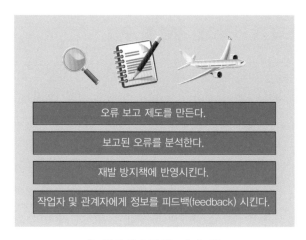

[그림 5-1] 오류 정보의 제도화

특히, 오류 정보의 제도화가 효과적으로 운영되기 위해서는 오류·실패 등의 좋지 않은 경험을 안전성 향상에 필요한 중요한 정보를 제공하는 데 효과적으로 사용된다고 이해시키는 것이 매우 중요하다. 그러기 위해서는 보고하는 사람을 보호하고, 모든 사람이 이해해 줄 수 있는 등 모든 조직의 구성원 전체가 함께 노력해야 할 필요가 있다. 같은 맥락으로 이것을 '오류 정보'가 아닌 '안전 정보'라고 표현을 달리하는 경우도 있다.

오류 정보는 오류를 방지하기 위해서는 없어서는 안 될 존재이다. 정보는 상황 인식에 의해서 판단되고 경험과 함께 유익한 근거가 되는 수단의 하나이다. 또한, 정확한 정보는 재발 방지책으로도 유용하게 쓰일 수 있다. 표면적으로 나타나지 않는 경미한 오류도 하인리히의 법칙(Heinrich's law)의 내용에 비추어 볼 때 나중에 대형사고로 이어지는 요인을 내포하고 있을지도 모르는 일이다. 누군가가 오류를 범했다고 말하는 것은 다른 사람도 동일한 오류를 범할 가능성이 있기 때문에 사전에 미리 보고하는 것이다. 따라서 사소하게 볼 수 있는 오류라고 할지라도 조기에 발견, 분석하면 위험성에 대한 대책을 강구할 수 있기 때문에 사람들이 범할 수 있는 오류를 줄일 수 있으며 대형사고를 막을 수 있다.

그러기 위해서 적절한 방법으로는 오류 정보를 수집·분석하여 재발 방지책에 반영시키고 피드백하는 것이 매우 중요한 부분이다. 미국항공우주국(NASA)가 미국연방항공국(FAA)의 협

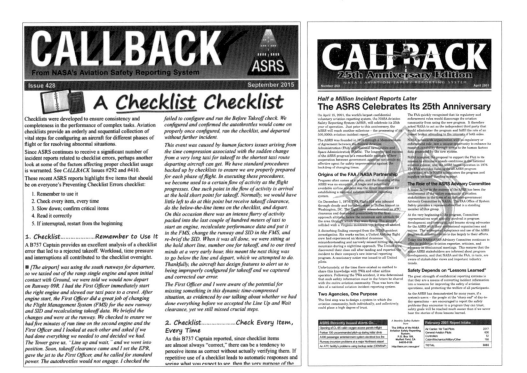

[그림 5-2] CALLBACK

조를 얻어 20년 이상 실시하고 있는 항공안전보고제도(ASRS : Aviation Safety Reporting System)도 그 연장선상에 있다고 할 수 있다. 이 제도는 조종사·관제사·항공정비사 등 항공 관계자로부터 항공안전과 관계되는 사실을 자율적으로 보고하게 하고 전문담당관에 의한 분석 결과, 유용한 정보를 정기적으로 공개하는 제도이다. 이를 위하여 FAA는 NASA와 협력하여 의도하지 않고 범한 가벼운 위반은 면책한다는 제도를 추가적으로 마련, 이러한 보고를 촉진하고 있다. 매월 전 세계 각국으로부터 2,000건이 넘는 보고가 이루어지고 있는데, 특히 사고를 미연에 방지하는 데에 효과적이라고 생각되는 것은 'CALLBACK'(그림 5-2)이라고 이름 붙여 매월 관계자들에게 인쇄하여 배부하고 있으며, NASA의 인터넷 홈페이지에도 공개하고 있다.

3) 구성원 대상의 교육 및 훈련

인적요인에 대한 깊은 지식과 이해, 조직 풍토로서의 문화가 정착되기 위해서는 교육과 훈련이 반드시 필요하다. 항공기 조종사에 대해서는 이미 CRM(Crew Resource Management)이라고 하는 인적요인 훈련이 의무적으로 실시되고 있는데, 항공정비사도 이와 같은 훈련이 필요하다. 정비작업에 있어서 인적오류가 단순히 현장의 작업자만의 문제가 아니기 때문에 이러한 훈련을 필요로 하는 대상자에는 계획·기술·보급 등 간접적인 항공업무에 종사하는 사람들도 포함된다.

이 훈련을 일반적으로 MRM(Maintenance Resource Management)이라고 부르고 있으며, 훈련을 실시할 때에는 다음과 같은 두 가지 형태가 바람직하다. MRM과 CRM에 관한 내용은 Appendix II에 자세히 기재하였다.

① 집합교육을 실시하면서 인적요인에 관한 기본적인 지식을 습득시킨다.
② 정기적으로 과제를 선정하여 재교육을 실시한다.

항공정비사는 투철한 직업의식이 있어야 하고 근무하는 중에도 본인의 정체성에 대해서 지속적으로 생각하며, 수시로 교육을 통해 주지시켜 다시 한 번 상기하도록 유도하는 것이 좋다.
다음은 제롬 레더러(Jerome Lederer)가 1941년 제창한 '항공정비사의 신조'이다.

① 나는 사회가 인정한 항공기 정비사로서의 권한과 특권을 지닐 것을 나의 명예를 걸고 맹세합니다.
   ㉠ 나는 타인의 안전과 생명이 나의 기술적 기량과 판단에 달려 있다는 것을 알기 때문에 나 또는 내가 사랑하는 사람들을 위험에 처하게 하지 않는 것과 같이 고의로 타인을 위

험하게 하지 않을 것입니다.

ⓛ 나는 이러한 신뢰를 행함에 있어서 결코 내가 갖고 있는 지식의 한계를 넘는 업무를 수행하거나 승인하지 않을 것을 맹세합니다.

ⓒ 나는 신뢰하지 않는 상사가 내가 옳다고 판단한 것을 인정하지 않고, 항공기나 장비가 안전하다고 잘못 승인하는 것을 용인하지 않겠습니다.

ⓔ 나는 판단을 하는 데 있어서 돈이나 개인적인 이익의 영향을 받지 않겠습니다.

ⓜ 나는 항공기 또는 장비에 대해 내가 직접 점검한 결과에 의심이 생기거나, 다른 사람의 능력에 의심이 생길 때, 그냥 지나치지 않겠습니다.

ⓗ 나는 인가받은 항공종사자로서 항공기와 장비의 감항성에 대한 판단을 행사하는 무거운 책임을 분명히 깨닫겠습니다.

② 따라서 나는 항공업계의 발전과 내 직업의 명예를 위해 이 선서에 충실할 것을 굳게 맹세합니다.

국내에서도 항공정비사의 직업윤리에 대한 교육이 매우 중요하다고 인식되고 있다.
다음은 김천용 교수가 제창한 '항공정비사 십계명'이다.

① 나는 모든 정비를 정비 매뉴얼에 따라 수행한다.
② 나는 작업을 수행하기 전에 작업 지시 내용을 확인한다.
③ 나는 비인가 작업 지시는 반드시 문서로 요구한다.
④ 나는 매뉴얼을 비롯한 기술자료는 최신판으로 유지한다.
⑤ 나는 작업 중 매뉴얼과 상이한 경우, 상부에 보고한다.
⑥ 나는 모든 정비 내용을 기록·유지한다.
⑦ 나는 정비기록부에 모든 정비 내용의 관련 근거를 남긴다.
⑧ 나는 부품을 사용하기 전에 인가된 부품인지 확인한다.
⑨ 나는 공인된 장비와 공구만을 사용한다.
⑩ 나는 나에게 인가된 범위의 작업만 수행한다.

다시 말해, 항공정비사를 위한 MRM(Maintenance Resource Management) 훈련이라는 좋은 프로그램이 있지만, 작업자 개인이 우선 '항공정비사의 신조' 및 '항공정비사 십계명'과 같은 아주 기본적인 내용을 숙지하고 행동하는 자세가 필요하다고 할 것이다.

2 리더십

1) 리더십의 개요

어느 조직에서나 그룹이 가지고 있는 능력은 리더 개인의 능력보다 훨씬 더 크다. 따라서 리더가 가져야 할 리더십이란 '자신이 속한 그룹의 활동을 지도하고, 상호 조화시키며 구성원들에게 팀으로서 협력하여 일할 수 있도록 독려하는 능력'을 말한다. 또한, 리더의 지도력에는 구성원을 통제하고 움직일 수 있는 능력도 포함된다. 예를 들어 교대근무의 감독자가 작업의 할당량, 각 파트 예산의 결정 혹은 작업계획의 결정 등에 어떠한 발언권이 없다면 부하를 통솔하기에 상당히 곤란해질 것이다.

리더는 단순하게 관리자라고 생각될 수도 있지만, 리더와 관리자는 역할에서 볼 때 다른 개념이다. 관리자와 팀의 리더는 단어 자체로만 본다면 그다지 차이가 없다고 생각될 수도 있지만 관리자와 리더는 확실한 차이가 있다. 관리자는 팀의 인적 자원을 효과적으로 조직하고 팀의 역량을 명확하게 하는 임무를 가지고 있다. 한편, 리더는 팀 구성원에게 팀의 목적을 제시하고 이를 활성화시켜 팀의 업무를 함께 수행하도록 한다. 관리자는 팀의 운영을 담당하고 인적자원을 모은 후 각기 배분하여 팀의 역량을 확보한다. 리더는 팀 구성원을 통솔하고 명확한 목표를 제시하며, 충분한 협동관계를 유지하고 구성원 전원을 독려하여 목적을 달성하게 한다.

그러나 관리자와 리더의 역할은 분리해서 생각할 수는 없다. 물론, 관리자와 리더의 능력을 함께 겸비하는 것이 쉽지는 않지만, 항공기 정비작업에서의 감독자에게는 그러한 능력이 요구되기 때문이다. 만약 관리자의 리더십이 충분하지 않은 경우, 조직의 역량은 상당히 감소될 것이 분명하기 때문이다.

2) 리더십의 분류

리더십이라는 개념은 권위적인 형태, 협조적인 형태로 나눠 생각해 볼 수 있다. 권위적인 형태의 리더십을 취하는 리더는 그 팀이 확실한 계급에 의해서 구성되며, 부하에게는 결정된 내용을 전파하고 업무적인 지시만 하게 된다. 계급 구조는 관리계층이 있으며 명확한 상사가 존재한다고 알려져 있다. 이와 반대로 협조적인 형태의 리더십을 취하는 리더도 있다. 이러한 경우, 리더가 최종적인 방향을 결정하더라도 구성원에게 발언권이 있으며, 팀 행동의 결정에 참가할 수 있다. 협조형의 리더는 권위형의 리더보다 자기 구성원을 더 평등하게 다루고 있다.

① 권위형 리더: 부하의 의견을 그다지 경청하지 않고, 방침을 결정한다.

② 협조형 리더: 부하에게 필요한 정보를 주고, 방침 결정에 참가시킨다.

이러한 두 가지 형태의 리더십 중에 어느 쪽이 좋은지는 달성하고자 하는 업무의 성격에 따라 다르다. 두 가지 형태의 리더십에서 발생할 수 있는 문제점에 대한 예를 들면 다음과 같은 상황이 발생할 수 있다. 협조형 리더는 사소한 것을 결정하는 업무에 있어 구성원 전원이 오랜 시간 동안 회의해서 결정해야 하기 때문에 중요한 업무를 결정해야 하는 시간 내에 끝내지 못할 수도 있다. 한편, 권위형 리더는 발언의 자유를 억제하며 필요한 정보를 전달하지 않아 안전성에 영향을 줄 가능성이 있다. 따라서 뛰어난 리더십이란 두 가지 형태의 리더십이 상황에 맞게 적절히 발휘될 때 나타날 수 있는 것이다.

상황에 맞는 리더십의 스타일 선택과 관련된 가이드라인은 다음과 같다.

① 권위형 리더십이 필요한 상황

  ㉠ 작업을 신속하게 진행해야 하는 상황

  ㉡ 업무 내용이 확실하고 방침에 대해 이미 알고 있는 상황

  ㉢ 팀 내부에 혼란이 있거나, 의사소통이 불충분한 상황

  ㉣ 개인의 결정에 전원이 명확하게 동의할 수 있는 상황

② 협조형 리더십이 필요한 상황

  ㉠ 전원에게 정보를 전달할 충분한 시간이 있는 상황

  ㉡ 업무 내용이 아직 확실하게 정해지지 않고, 팀에서 검토가 필요한 상황

  ㉢ 팀 내부에서 의사소통이 원활하게 진행되고 있는 상황

  ㉣ 개인의 결정에 타인의 동의를 얻기 힘든 상황

이와 같이 리더십의 필요성은 리더 개인보다 팀 차원에서 필요로 하는 것이다. 조종실에서 운항승무원 내부에서 필요한 리더십과 비교할 때, 항공기 정비작업에서의 리더십에 대한 책임은 훨씬 광범위하다고 할 수 있다. 이는 항공정비사가 현장에서 다양한 업무를 수행하고 있기 때문이다. 일반적으로 조종실 내부에서는 객실승무원·관제사·승객 등 외부와 접촉이 제한되기 때문이다. 항공기 정비분야에서는 작업 최전선에 있는 감독자와 팀 구성원이 팀 이외의 사람들에게도 영향을 받을 수 있다. 팀 이외의 사람들이란 상부의 관리자, 다른 팀의 관리자, 기자재를 납품하는 사람, 조종사 및 승무원 등과 같이 협조가 필요한 사람들을 말한다. 따라서 항공기 정비작업에서의 리더는 팀의 부하뿐만 아니라 외부의 사람들과도 좋은 관계를 유지할 수 있는 훈련이 되어 있어야 한다.

3) 리더의 책무

리더는 그룹을 원활하게 운용하기 위해 다양한 책무를 가지고 있다. 리더가 갖추고 있어야 할 12가지 책무는 다음과 같다.

① 팀 구성원의 활동을 감독하고 팀을 조화시킨다.
② 자신의 권한 일부를 적절하게 부하에게 위임한다.
③ 팀 구성원의 책무를 명확하게 한다.
④ 상황에 있어서 중요한 점을 확실히 해 둔다.
⑤ 내부 혹은 외부의 변화에 적응한다.
⑥ 팀 구성원에게 항상 작업에 관련된 필요한 정보를 제공한다.
⑦ 팀 구성원으로부터 작업에 관한 정보를 받고 대응방안을 마련한다.
⑧ 팀 구성원에 대해서 성과의 피드백(feedback)을 실시한다.
⑨ 전문적인 분위기를 양성하고 유지시킨다.
⑩ 팀워크를 촉진한다.
⑪ 작업강도 및 스트레스를 효과적으로 관리한다.
⑫ 업무에 숙달할 수 있도록 팀 구성원을 훈련 및 지도한다.

4) 효과적인 리더십

리더는 효과적으로 리더십을 활용할 수 있어야 한다. [그림 5-3]은 효과적인 리더십과 그렇지 못한 리더십의 예시를 나타내며, 이것은 리더십의 가이드라인이 될 수 있다. 다만, 여기에는 팀과 업무에 관한 능력도 필요하다.

팀은 당연히 다양한 사람들이 모여 구성되기 때문에 팀의 리더는 능숙하게 인간관계를 조율할 수 있어야 한다. 조직사회에서는 인간관계로 인해 여러 가지 문제점이 발생하기 때문이다.

인간관계에서 문제점을 발생시킬 수 있는 사례는 다음과 같다.

① 사람의 의견을 무시한다.
② 지배적인 태도를 취한다.
③ 우유부단한 자세를 취한다.
④ 항상 부정적인 자세를 취한다.
⑤ 다른 사람과 융화되지 못한다.

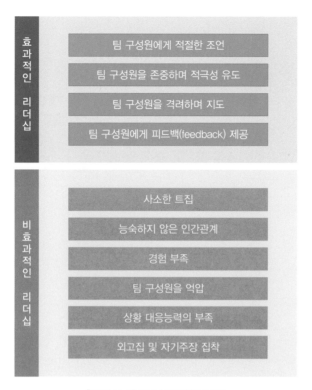

효과적인 리더십
팀 구성원에게 적절한 조언
팀 구성원을 존중하며 적극성 유도
팀 구성원을 격려하며 지도
팀 구성원에게 피드백(feedback) 제공

비효과적인 리더십
사소한 트집
능숙하지 않은 인간관계
경험 부족
팀 구성원을 억압
상황 대응능력의 부족
외고집 및 자기주장 집착

[그림 5-3] 리더십의 가이드라인

인간관계의 문제를 조정하고자 할 때 가장 중요한 것이 적당한 시기이다. 인간관계가 순조로워질 때, 그렇지 못할 때의 차이에는 명확한 시기가 있다. 그 시기는 '문제를 조정해도 좋다고 요청을 받은 때', '팀이 비정상적으로 되어 갈 때' 등이다.

그 다음으로 중요한 것은 어떻게 조정해야 하는지 방법에 관한 것이다. 만약, 어떤 사람이 문제를 일으키고 있는 것을 인지했다면 먼저 개인적으로 이야기를 나눠 보는 것이 중요하다. 이때에는 절대로 다른 팀 구성원 앞에서 질책을 해서는 안 된다. 만약, 그렇게 되면 그 사람에게 수치감을 줄 뿐만 아니라 다른 누군가에게 비판받든지, 다른 사람들과의 관계가 단절되어 버릴 수도 있다. 그와 같은 경우에 어떻게 이야기를 하면 되는지에 대해서 리더는 이해하고 있어야 한다.

인간관계의 문제점을 인지했을 때 리더가 이야기해야 되는 방법에 대한 가이드라인은 다음과 같다.

① 솔직하게 말한다.

아무리 부담 없는 가벼운 상황이라도 돌려서 말하지 않고, 솔직담백하게 이야기하는 것이 좋다.

② 구체적으로 말한다.

무엇이 중요한 것인지 문제점을 확실하게 이야기한다.

③ 발전적으로 생각하고 이야기한다.

그 사람도 팀을 지키고 싶어 하고, 개선하고 싶다는 마음을 가지고 있음을 생각한다.

④ 상대의 말을 무조건 막아서는 안 된다.

상대는 처음에 무조건 피하자고 생각할 수도 있다. 그러나 자연적으로 양 방향으로 대화할 수 있는 분위기가 되어야 한다. 그에 따라 덫에 걸리지 않고 문제점에 집중하여 대응할 수 있다.

⑤ 반론할 기회를 준다.

상대에게 반론할 시간을 주고 이야기하고 싶은 것이 무엇인지 듣고 싶다는 것을 표명해야 한다.

이와 같이 리더는 팀을 수습하고 팀 전체의 역량을 고취시켜야 한다. 따라서 리더십은 개인이 가지고 있는 기술을 모아 팀워크로 고도화시키는 것이라고 이야기할 수 있다. 여기에는 기술적인 지식 이외에 의사소통, 협동, 의사결정 능력 등이 포함된다. 리더는 단순히 타고나는 것이 아닌 훈련에 의해서 효과적인 리더십을 가질 수 있다.

Appendix

I

인적요인
프로그램

Human Factors in Aircraft Maintenance

1) 인적요인 분석 및 분류 시스템
(HFACS : Human Factors Analysis and Classification System)

스위스 치즈 모델(그림 2-4 참조)의 경우에는 사고와 직접적 관련이 있는 승무원의 행위를 치즈의 구멍으로 보는데, 그러한 행위는 안전을 저해하는 행위이지만 잠재적 실수에만 집중해서 보는 경향이 있다. 그러나 잠재적 실수는 사람에게 있어 잠복해 있거나 발견되지 않을 수도 있기 때문에 스위스 치즈 모델은 실제 항공기 운항환경에서 인적요인을 규명하기에 다소 난해한 이론이다. 이러한 한계를 극복하고자 미국 육군과 공군은 미국 연방교통안전위원회(NTSB: National Transportation Safety Board) 및 미연방항공국(FAA: Federal Aviation Administration)으로부터 민간항공기 사고 관련 자료를 수집, 분석할 수 있는 [그림 I-1]과 같은 시스템을 개발하였다.

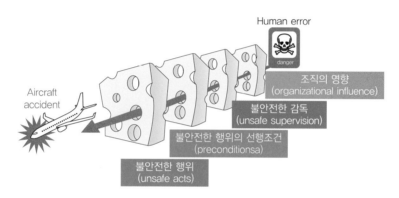

[그림 I-1] 스위스 치즈 모델을 보강한 HFACS 모델

다시 말해, 스위스 치즈 모델의 한계를 인식, 개발된 시스템이 '인적요인 분석 및 분류 시스템'(HFACS: Human Factors Analysis and Classification System)이다. HFACS는 사고의 인적 원인을 식별하고 예방 훈련 계획을 세우는 방법으로, 분석도구를 제공하는 데 활용된다. HFACS는 기존의 스위스 치즈 모델에서의 잠재적 실수와 실제적 실수를 바탕으로 [그림 I-2]에서 보는 것과 같이 '조직의 영향', '불안전한 감독', '불안전한 행위의 선행조건', '불안전한 행위' 등 4가지로 구분하여 오류를 설명한다. 또한 사고와 가장 밀접한 단계, 즉 불안전한 행위부터 주요 구성요소와 원인을 범주화하였다.

각 단계에서 발생할 수 있는 사고 요인들에 대해 자세히 살펴보고자 한다.

① 오류(error)
　㉠ 의사결정오류(decision error)
　　가장 흔하고 빈번하게 발생하는 오류 유형의 하나로, 보통 '정직한 오류'라는 용어를

[그림 Ⅰ-2] HFACS model의 4가지 단계 구분

사용하기도 하는데 절차를 잘못 수행했거나, 선택이 부적절했거나 혹은 주어진 정보를 잘못 해석하거나, 사용한 경우에 발생한다.

ⓛ 기술기반오류(skill-based errors)

의사결정오류 다음으로 빈번한 형태의 오류로서 의사결정오류가 '생각'의 오류라면 기술기반오류는 '행위'의 실수이다. 조종간이나 러더 페달(rudder pedal) 조작, 시계 탐색 등과 같은 행위는 생각이 거의 필요 없는 행위이다. 하지만 고도의 훈련으로 인해 거의 자동화된 행동은 주의력이나 기억 실패에 특히 취약하여 문제가 발생할 수도 있다. 이러한 기술기반오류는 시계 탐색 패턴 실패, 부적절한 스위치 작동 또는 중지, 주의력 망각, 체크리스트 생략 등에서 빈번히 발생한다. 심지어 항공기를 기동시키는 자세 까지도 안전에 영향을 미칠 수 있다.

ⓒ 지각오류(perceptual errors)

상대적으로 주목을 덜 받는 오류의 유형으로, 감각적 인풋(input)이 저하되거나 야간비행 중 비정상적인 상태일 때, 지각오류가 발생한다. 불완전하거나 불충분한 정보를 바탕으로 행위를 할 때, 조종사가 시각적 또는 전정기능적(귀에서 평형감각을 담당하는 기관)인 다양한 착각에 잘못 반응할 뿐만 아니라 거리·고도·강하율 등의 판단에 실수를 할 위험 소지가 있다.

② 위반(violation)

㉠ 습관적 위반(habitual violation)

본질적으로 발생하기도 하고 관리·감독 시스템에서 규칙과는 별개로 용인해 주는 경향이 있다. 통상 '규칙 구부리기'(bending the rules)라는 용어로 쓰이기도 한다. 자동차 운전 시 법정 규정보다 시속 5~10 km/h 정도 빠르게 주행하는 경향이 있는 경우 분명히 규정에는 위배되지만 행위 자체로 볼 때는 교통경찰이 지나치지만 않으면 규제하지 않는 것과 비슷한 사례로 설명할 수 있다.

㉡ 예외적 위반(exceptional violation)

자동차의 경우, 시속 60 km/h 구간에서 100 km/h로 주행하는 것과 같은 명백히 개인의 경향이나 교통경찰이 묵인하는 것과는 다른 의도적인 위반을 말한다. 본질상 규정 위반의 도가 지나쳐서 '예외적'이라고 분류되지만, 안전에는 상당히 위협적인 것으로 간주된다.

이와 같이 인간의 불안정한 행위에는 환경적 요인, 운영자의 상태, 인적관리 요인 등의 전제 조건이 항상 있기 마련이다.

③ 환경적 요인(environmental factor)

㉠ 물리적 환경(physical environment)

조종실 내부와 같은 운영환경뿐만 아니라 날씨·지형과 같은 주변 환경을 모두 포함한다. 기상이 좋지 않을 때 비행하게 되면 시계가 낮아져서 공간감각 상실 및 지각오류로 인한 인지 실수가 쉽게 발생하게 된다. 또한, 조종실 내부의 열 같은 경우도 산소 저하로 조종사의 주의력 수준을 약화시키고, 의사결정 과정을 느리게 하거나, 항공기 조종 불능 상태에 빠지게도 한다. 또한, 높은 고도에서 감압이나 산소 공급이 부족할 경우에는 저산소증을 유발해 환각이나 혼동을 일으키게 되어 조종사가 불안전한 행위를 할 수도 있다.

㉡ 기술적 환경(technical environment)

기술적 환경은 조종사들의 임무 수행에 있어서 막대한 영향을 미치며, 장비나 제어판 배열부터 시작하여 자동화에 대한 의존도까지 다양한 요소가 포함된다. 예를 들어 플랩을 올리고 내리는 장비가 랜딩기어를 올리고 내리는 장치와 비슷하여 조종사들에게 혼돈을 주어 지상 대기 중인 항공기의 랜딩기어를 조작하는 사례가 자주 보고되었다. 또한, 자동화기기 의존도가 지나치거나, 모자란 경우에도 안전에 위협이 되는 사례가 발생하였다.

④ 운영자의 상태(condition of operators)

　㉠ 반정신 상태(adverse mental states)

　　안전하지 않은 행위로 이끌도록 의사결정에 부정적인 영향을 미치거나 기여하는 상황 인지력 상실, 정신적 피로, 신체주기 교란, 나쁜 자세(지나친 자신감, 교만, 자만, 잘못된 동기 부여 등) 등을 말한다.

　㉡ 반생리적 상태(adverse physiological states)

　　비행 수행에 영향을 미쳐 결과적으로 안전을 저해할 수 있는 의학적인 문제가 있는 경우를 말한다. 즉, 질병 상태나 생리적 상태를 모두 지칭한다. 공간 인식능력을 상실한 조종사가 비행계기에 의존하지 않을 때, 사고가 빈번하게 발생한다는 사실은 널리 알려져 있다.

　㉢ 육체적·정신적 한계(physical·mental limitation)

　　필요한 감각적 정보를 사용할 수 없거나, 개인이 운용할 수 있는 소질·기술·시간이 없을 경우를 말한다. 항공사고에 있어서는 다른 항공기나 장애물을 크기 또는 다른 성격으로 인해 시계분야에서 볼 수 없는 경우가 흔히 포함된다. 상황은 신속한 두뇌처리 및 반응시간을 요구하지만 문제를 해결하기 위해서 할당되어야 할 시간이 인간 한계를 초과하는 경우도 많으며 심지어 시계가 양호하더라도 시간이 없을 수도 있다. 따라서 항공기의 안전한 운항을 위해서는 개인에게 필요한 신체적 역량, 숙련도를 반드시 가지고 있어야 한다.

⑤ 인적관리 요인(personal factors)

　㉠ CRM(Crew Resource Management)

　　통상적으로 항공교통 관제사나 기타 지상조업 인력과의 의사소통 실패 또는 조종실 내 조종사들 간의 의사소통 실패를 방지하기 위한 시스템을 포함한다. 비행부문은 조종사뿐만 아니라 항공기 운항에 관련된 모든 종사자들의 비행 전후, 비행 중 협력을 포함하는 분야이다.

　㉡ 개인의 준비(personal readiness)

　　조종사의 충분한 휴식, 음주 제한, 자가치료 등과 같은 규정이 지켜지지 않는 경우를 설명하기 위한 항목이다. 규정이나 규율로 정해져 있지 않아도 안전한 비행을 수행하기 위해서 개인이 항상 갖추고 있어야 할 항목으로, 비행 전에 극심한 운동을 한다거나 영양 섭취가 제대로 되지 않았다면 개인이 가지고 있는 역량이 저하되어 불안전한 행동을 유발시키게 된다.

불안전한 행위의 전제조건 바로 상위에는 부적절한 감독, 계획상 부적절한 운영, 문제 교정 실패, 감독자 위반 등의 안전하지 않은 감독 사례가 존재한다.

⑥ 불안전한 감독(unsafe supervision)

　㉠ 부적절한 감독(unsafe supervision)

　　감독적 행위 또는 무행위의 직접적 결과로 인해서 감독 명령체계 내에서 발생하는 실수와 연관된다. 조종사들은 따로 고립되어 있는 때가 많기 때문에 일일기반의 운항에서는 위험성이 증가할 가능성이 있으므로 감독자는 각 개인이 성공할 수 있는 기회를 제공하여야 한다. 즉, 개인에게 적절한 훈련, 전문적인 지도·감독·운영 리더십 등을 받게 함으로써 적절히 관리할 수 있도록 해 주어야 한다.

　㉡ 계획상 부적절한 운영(planned inappropriate operations)

　　부적절한 운항 스케줄과 같은 부분을 설명하기 위한 개념으로서 조종사 편성, 휴식, 특정 비행과 관련한 위험관리 등에 집중하고 있다.

　㉢ 문제 교정 실패(failure to correct a known problem)

　　개인·장비·훈련 또는 관련 안전문제에서의 결함이 감독자에게 알려졌음에도 불구하고 문제를 교정하는 데 실패하여 지속적으로 문제가 발생되는 것을 말한다. 지속적인 교정이 필요한 실수나 부적절한 행동 등이 특정 규정이나 규율에 위배되지는 않지만 불안전한 분위기를 조성하는 경우를 모두 포함한다.

　㉣ 감독자 위반(supervisory violation)

　　감독자에 의해 의도적으로 현존하는 규정 및 규칙이 위반되는 것을 말하며, 대표적인 사례로 현재 항공종사자 자격 면허를 갖추지 못한 조종사에게 비행하도록 허용하는 것은 예견된 비극적인 후속 결과를 가져오게 되는 명백한 감독자 위반이다.

또한, 이같이 안전하지 않은 상태를 유발하는 바탕에는 자원관리·조직문화·조직과정 등의 조직적 영향이 놓여 있다.

⑦ 조직적 영향(organizational influence)

　㉠ 자원관리(resource management)

　　조직 차원의 예산 및 자원 분배의 의사결정으로, 항공사고 역사상 재정 곤란에 직면하면 조직들은 제일 먼저 안전 및 훈련 비용을 삭감함으로써 안전에 위협이 되었던 사례를 볼 수 있다.

[표 I-1] HFACS 모델 4가지 단계에서 발생할 수 있는 오류의 예시

조직의 영향
자원관리 • 인적 관리(선택, 참모 구성/인원 배정, 훈련) • 자금·예산자원(과도한 비용 삭감, 예산 부족) • 장비·시설자원(잘못된 설계, 부적당한 장비 구입)
조직문화 • 구조(지휘계통, 권한 위임, 의사소통, 행위에 대한 공식 책임) • 정책(채용과 해고, 진급, 약물 복용 및 음주) • 문화(규정도, 믿음 및 가치, 조직의 정의, 조직원 행동)
조직관리 • 작전(작전속도, 시간 압박, 생산할당량, 장려금, 평가·감사, 스케줄, 불투명한 계획) • 절차(기준, 명확한 목적, 문서화, 지침) • 감독(위험관리, 안전 프로그램)

불안전한 감독
부적절한 감독 • 지도, 감독, 훈련 실패 • 적정 정책 제시 실패 • 자격관리 및 능력관리 실패
계획상 부적절한 작전계획 • 올바른 자료 제공 실패 • 적절한 브리핑 시간 제공 실패 • 부적절한 인원 배정 • 규칙·규정을 무시한 임무 • 휴식 보장 실패 • 불필요한 위험요인 감수
문제 교정 실패 • 실수 문제 교정 실패 • 위험한 인원 식별 실패 • 교정행위 착수 실패 • 불안전한 경향에 관한 보고 실패
감독자 위반 • 불필요한 위험 승인 • 규칙 및 규정 강화 실패 • 무자격자의 비행 승인

불안전한 행위
오류 • 의사결정오류 : 부적절한 절차, 잘못 판단한 비상상황, 비상상황에 대한 잘못된 대처·역부족, 부적절한 기동 등 • 기술기반오류 : 시계 탐색 와해, 주의집중 우선순위 실패, 비행조종패널의 부적절한 사용, 절차항목 및 점검항목 누락, 기술 미흡, 지나친 항공기 기동 등 • 지각오류 : 거리·고도·대기속도 오판, 공간지각 상실, 시계 착각 등
운영자의 조건 • 습관적 위반 : 브리핑 내용 미준수, 레이더 고도계 사용 실패, 미인가 접근, 훈련규칙 위반, 과도한 항공기 기동, 규정 및 절차 위반, 비행준비 미흡 등 • 예외적 위반 : 비인가된 비행, 임무에 대한 자격 미비, 의도적인 항공기 한계 초과, 시각적 기상조건(VMC : Visual Meteorological Conditions)에서의 지속적 저고도 비행, 협곡에서 비허가 저고도 비행 등

불안전한 행위의 선행조건
환경적 요인 • 물리적 환경 : 날씨, 고도, 지형, 조종실 내부(열, 진동, 조명, 유독성) 등 • 기술적 환경 : 장비·제어판 설계, 디스플레이·인터페이스 특성, 체크리스트, 설계, 자동화 등
운영자의 조건 • 반정신 상태 : 협소화된 주의집중, 주의산만, 안일함, 임무 포화, 상황 인식 상실, 정신피로, 경솔함, 스트레스, 자만, 잘못된 동기 부여 등 • 반생리적 상태 : 생리 상태 악화, 생리기능 상실, 질병, 신체피로 등 • 육체적·정신적 한계 : 부족한 시간, 시간 한계, 지능·적성·신체능력 부족
인적관리 요인 • CRM : 보조의 실패, 의사소통·협조 실패, 적절한 브리핑 실패, 가용자원 활용 불충분, 관제 정보의 해석 실패, 리더십 실패, 조종실 내의 권위 등 • 개인의 준비 : 과도한 신체 훈련, 자가치료, 적절한 휴식 실패, 과도한 음주 등

ⓛ 조직문화(organizational climate)

조직이 개인을 다루는 상황적 일관성으로 정의되며, 구성원에게 영향을 미치는 다양한 변수로 광범위하게 분류된다. 조직문화의 한 유형으로 지휘계통, 권한대행 책임, 커뮤니케이션 채널(communication channel), 행위에 대한 공식적인 책임이 반영된 조직구조 등이 있다. 조종실 내에서와 마찬가지로 조직 내 의사소통과 협조는 매우 중요한 요인이다.

ⓒ 조직과정(organizational process)

조직 내 일상행위를 규정한 규칙과 결정을 통합하기 위한 개념으로, 상층관리나 의사결정이 부족할 때에는 운영자의 수행능력과 시스템 안전에 부정적인 영향을 미칠 수 있다.

[표 I-1]은 HFACS에서 분류한 4단계 오류의 예시를 정리한 것이다.

인적요인 분석 및 분류 시스템(HFACS: Human Factors Analysis and Classification System)은 항공분야에 폭넓게 활용하고자 개발되어 항공기 운항 측면에서는 아주 유용했지만 항공기 정비분야에서는 범위도 넓고 적용하기에는 다소 미흡한 부분이 있었다. 이에 따라 개발된 것이 항공기 정비분야의 인적요인 분석 및 분류 시스템(HFACS-ME: Human Factors Analysis and Classification System-Maintenance Extension)이다. HFACS-ME는 [그림 I-3]에서 보는 것과 같이 관리 상태, 정비사 상태, 작업장 상태, 정비사 행위 등 4가지로 분류해 항공정비사와 정비작업에 관련 있는 요인들을 쉽게 알 수 있다. [표 I-2]는 4가지로 분류된 범주에 해당되는 요인들의 예시를 정리한 것이다.

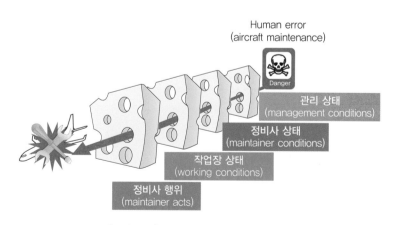

[그림 I-3] HFACS-ME 모델의 4가지 범주

[표 I-2] HFACS-ME 모델 4가지 범주에서 발생할 수 있는 오류의 예시

관리 상태	정비사 상태
조직 영향 • 부적절한 절차, 부적절한 문서·자료, 부적절한 설계, 부적절한 자원	**의학적인 영향** • 정신상태, 신체적 상태, 육체적·정신적 한계
	작업자 간 협조 • 의사소통, 적극성, 적응성 및 융통성
불완전한 감독 • 부적절한 감독, 부적절한 운영, 문제점 수정의 실패, 감독상의 위반	**준비자세** • 교육 및 훈련, 자격·면허 위반
관리 상태	**정비사 상태**
환경 • 조도 및 조명, 날씨, 환경적 위협요인	**실수** • 주의, 기억, 판단, 의사결정, 지식, 규정 기반, 숙련도, 기술
환경 • 파손, 고장, 사용 불능·부적절, 기간 만료·미보증	
작업공간 • 제한적 공간, 장애물, 접근 불가	**위반** • 습관적 위반, 규칙 위반(예외적 위반, 명백한 위반)

2) 항공기 정비오류의 판별기법(MEDA : Maintenance Error Decision Aid)

항공기 정비오류의 판별기법 MEDA(Maintenance Error Decision Aid)는 항공기 제작사인 보잉(Boeing)사와 미연방항공국(FAA: Federal Aviation Administration)이 공동으로 개발했다. MEDA는 인적요인을 조사하는 과정으로 시작, 사건조사 과정으로 더욱 특화되었다. 제임스 리즌(James Reason)에 따르면 "MEDA는 사고를 만드는 요인들이 결합하여 심각한 사고를 유발하기 전에 발견할 수 있는 판단 도구의 좋은 본보기"이다.

MEDA의 철학 중 첫 번째는 직원에 대한 신뢰를 들 수 있다. 항공정비사가 현장에서 항상 최선을 다하며 고의로 실수하지 않는다는 것을 믿는 것이다. 다음으로는 사고 발생에는 다양한 요인이 존재한다는 것이다. 결함을 유발하는 요인은 한 가지 요인에 의한 것이 아니며, 특히 항공기 정비현장에서의 정비로 인하여 발생하는 결함은 복합적인 요인에 의해 발생한다는 것이다. 이러한 결함은 제어가 가능하다는 점도 MEDA 철학에 포함된다. 결함을 발생시키는 요인은 관리가 가능하고, 시스템 및 순서는 변경할 수 있으며, 전체 시스템에서 작업자는 극히 일부라는 점이다. 이러한 노력으로 보다 심각한 실수를 사전에 예방할 수 있다는 것이다.

지금까지의 내용을 토대로 MEDA 철학을 정리하면 다음과 같다.

① 항공기 정비와 관련된 실수는 절대 고의에 의해 발생되지 않는다.

② 항공기 정비와 관련된 사건은 실수, 규정 위반 또는 두 가지 요인 모두에 의해 발생할 수 있다.

③ 실수와 규정 위반 모두 다 작업장에서의 기여요인에 기인한다.

④ 대부분의 기여요인은 관리가 가능하며, 기여요인을 개선함으로써 심각한 사건·사고를 방지할 수 있다.

[그림 Ⅰ-4]는 항공기 정비 시스템을 기준으로 한 MEDA 에러 모델을 나타낸 것이다. 이 모델에 따르면 기여요인이 실수(에러)를 유발하고, 실수는 사건을 초래하게 된다. 실수와 규정 위반은 인과관계가 있으므로 최근에는 실수라는 용어보다 '시스템 결함'이라는 용어로 통합하여 사용한다. MEDA 모델은 단순한 인과관계가 아니라 기여요인, 시스템 결함, 사건 간에는 확률적인 관계가 있다는 것을 보여준다. 왜냐하면 실수와 규정 위반은 기여요인 간의 다양한 조합에 의해 발생하기 때문이다.

전체적으로 보고된 사례를 분석해 보면 실수에 기여한 요인은 평균적으로 3~4개로 나타나고 있다. 이는 모든 실수가 복합적 요인에 의해 발생한다는 것을 반증하는 것이다.

[그림 Ⅰ-5]에 나타낸 것과 같이 MEDA 개발을 통해 두 가지 결과물이 만들어지는데, 바로 MEDA 결과 양식(result form)과 사용자 안내서(user guide)이다. 미국 Boeing사는 개발된 MEDA 결과 양식을 각자 조직에 맞춰 융통성 있게 수정해서 사용할 것을 권고하고 있다.

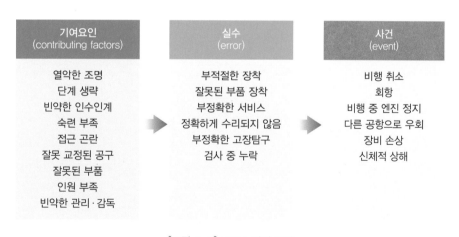

[그림 Ⅰ-4] MEDA 에러 모델

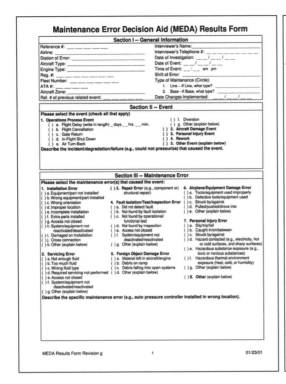
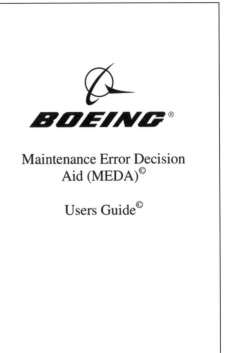

[그림 Ⅰ-5] MEDA 결과 양식(좌), 사용자 안내서(우)

Appendix

II

MRM (Maintenance Result Management)

& CRM (Cockpit Result Management)

1978년 발생한 미국 유나이티드(United)항공 DC-8 항공기의 사고는 조종사를 대상으로 하는 CRM(Cockpit Resource Management) 개발의 계기가 되었다. 이 사고는 DC-8 항공기가 미국 포틀랜드에 접근하는 중, 조종사가 랜딩기어의 경고등이 점등되지 않은 것을 인식하면서 시작되었다(실제 랜딩기어는 정상적으로 내려와 있었으나, 조종실에는 랜딩기어가 내려오지 않았다고 표시되었다). 조종실 내에 있던 모든 사람이 랜딩기어가 내려가지 않은 부분에 대해서만 열중한 나머지 연료계기를 감시하는 데 소홀하고, 누구도 연료가 줄어들고 있다는 것을 인식하지 못해서 끝내는 연료가 고갈되어 모든 엔진이 정지, 활주로 인근 숲에 추락하여 탑승자 10명이 사망하는 대형사고가 발생한 것이다.

이 사고를 계기로 유나이티드항공에서는 조종사 및 조종실 내의 운항승무원 간의 의사소통을 향상시키는 것을 목적으로 하는 CRM 훈련을 개발하게 되었다. 이 훈련은 조종실 밖의 사람도 포함하는 CRM 훈련으로 발전, 점차 현재의 형태로 지속 발전하게 되었다. 최근에는 이것을 CLR(Command Leadership Resource Management)이라고 부르기도 한다.

나아가 많은 민간 항공사는 CRM과 CLR에 추가하여 LOFT(Line Oriented Flight Training)를 만들게 되었다. LOFT는 시뮬레이터 장비를 사용하여 보다 실제적인 시나리오에 의해 긴급 상황을 부여하여 인간이 어떻게 행동하는지를 체험하게 하고, 그 후 모든 사람이 결과를 토의하여 인간의 특성을 이해하고 커뮤니케이션(communication) 및 코디네이션(coordination) 능력 향상을 도모하기 위한 것이다.

CRM이 비극적인 사고에 대한 대책으로 발전한 것과 마찬가지로 1988년 알로하(Aloha) 항공 B-737 항공기의 동체 상판이 비행 중 떨어져 나간 사고는 MRM(Maintenance Resource Management) 및 항공기 정비작업에 있어서의 인적요인 훈련의 개발을 촉진시켰다. 이 사고의 원인은 수개월 전에 수행된 정기 정비작업에서 경험이 많은 2명의 검사관이 기체 외판을 검사했음에도 불구하고, 이미 존재하고 있던 240여 곳 이상의 균열을 발견하지 못한 데 있었다. 사고 후 실시된 조사에서 이들 검사관이 보지 못하고 놓친 부분을 확인하게 되었고, 다수의 인적요인과 관련된 문제점이 발견되었다. 이것이 사고의 주요 원인으로 주목받기 시작하면서 MRM 및 인적요인과 관련한 훈련을 개발하는 것으로 이어지게 되었다.

1991년 연구의 하나로, 미국의 콘티넨탈(Continental)항공은 조종사를 대상으로 한 CRM 훈련을 항공기 정비 및 기술 관계자에게 확대·응용하면서 CCC(Crew Coordination Concept)를 만들어 내게 되었다. CCC는 이후 MRM으로 알려지게 된 훈련의 원형이라고 할 수 있다. MRM은 커뮤니케이션 및 코디네이션 등 상당수 기본적인 부분이 CRM에 기초를 두고 있다. 대상자는 항공정비사·작업보조원·검사관·엔지니어 등이며, 그 외 감독자·관리자도 대상으로 하여 조종사만을 대상으로 하는 CRM과 비교해 범위가 상당히 넓어졌다고 할 수 있다. 1991년부터 콘티넨탈항공에서는 상당히 많은 인원의 기술 관계자 및 감독자들이 16시간 코스의 훈련을 받았다. 훈련의 달성 목표는 '기술 관계자가 모든 자원을 안전과 효율의 향상에 사용하는 능력을 몸에 익히는 것'에 두고 있다. 3년 간격으로 수행된 CCC 훈련의 성과를 검증한 결과 안전과 의사소통, 팀 코디네이션, 스트레스 관리, 신뢰성 등에 현저한 효과를 보였다. 콘티넨탈항공은 CCC 훈련을 시작한 이후에도 정비작업에 있어서의 오류 발생률 감소와 측정 가능한 광범위한 데이터로 인간의 신뢰성 향상을 제시하였다고 보고하고 있다. 이와 같이 콘티넨탈항공은 초기의 MRM 훈련코스의 효과를 실제 증명하였는데, 이 코스는 시간이 지나 현재의 MRM 코스 개발의 실마리를 준 중요한 역할을 하였다고 평가된다.

여기에 착안하여 미국을 중심으로 한 몇몇 민간 항공사가 정비작업을 대상으로 하는 동일한 시도를 시작하였다. 이들의 초기적인 시도의 성공에 호응하여 항공산업 분야에서는 각각 독자적인 조직을 결성, MRM 프로그램의 개발을 시작하였다. 또, 많은 항공정비 전문회사 및 항공정비사 양성기관도 이렇게 개발된 MRM 훈련을 도입하여 실시하기 시작하였다.

유럽에서는 지상 서비스 업무 및 항공기 유도원에 대해서도 폭넓은 연구가 수행되었다. 이와 같이 MRM은 조종사를 대상으로 하는 CRM을 정비작업을 대상으로 발전시킨 것과 같다. 기본적으로는 대부분 동일한 아이디어에 기초하고 있다.

주된 교육항목은 다음과 같다.

① 항공기 사고와 사람의 관계에 대한 이해
② 인적요인의 이해
③ 의사소통의 자세
④ 작업자들의 팀워크
⑤ 현장의 안전과 작업자의 문제
⑥ 적절한 상황의 파악과 행동

다만, 각 항공사 및 정비회사는 이러한 기본적인 요건을 기준으로 각기 독자적인 업무와 함께 실용적인 프로그램을 구축하여 실시하고 있다.

MRM 교육 프로그램을 기획할 때에는 다음 내용에 유의하여 진행하는 것이 바람직하다.

① MRM 교육·훈련 프로그램의 기획
② ICAO에서의 항공정비사를 상대로 하는 인적요인 의무교육 권고

③ PEAR 모델을 적용하여 항공정비 분야 교육 프로그램 개발·기획

④ 인적오류(human error)를 활용하여 항공정비 분야의 교육 프로그램의 개발·기획

⑤ 의도하지 않은 오류를 적용하여 항공정비 분야의 교육 프로그램의 개발·기획

⑥ 의도적인 오류를 적용하여 항공정비 분야의 교육 프로그램의 개발·기획

⑦ 활동적인 오류와 잠재적인 오류를 적용하여 항공정비 분야의 교육 프로그램 개발·기획

⑧ 더티 더즌(dirty dozen)에서 제기된 문제점의 해결방법을 판단하여 항공정비 분야의 교육 프로그램의 개발·기획

항공기 사고 사례집

인류의 비행 역사는 1903년 12월 17일 라이트 형제의 플라이어호 비행이 성공한 이래로 시작되었다. 비행의 역사가 흐르면서 당연히 항공기 사고도 발생하게 되었다. 라이트 형제의 비행이 성공한 이후 최초의 항공사고는 역설적이게도 라이트 형제에 의해 발생되었다. 최초 비행에 성공한 라이트 형제는 일반인에게 비행기를 공개하고 비행 체험을 할 수 있는 사업을 시작하였다. 1908년 8월 17일 동생 오빌 라이트가 체험 승객을 태우고 비행을 시작한 후 비행기가 추락, 승객 1명이 사망하고 본인은 다리 및 늑골 부상을 입는 사고를 당했는데, 이것이 최초의 항공기에 의한 사망사고로 알려져 있다.

오늘날 대형 항공기 사고의 원인(표 2-2 참조)을 분석해 보면 그 요인이 다양함을 알 수 있다. 더불어 이들 다양한 요인의 대부분이 사람에 의해 발생하는 인적오류에 기인함을 확인할 수 있다. 조종사의 과실, 관제사 및 정비사의 실수, 의사소통의 부재, 지상요원의 실수, 테러 등 사람이 원인이 되는 사고가 대부분이다.

인적오류를 다시 한 번 생각하는 계기가 된 항공기 사고, 전 세계적으로 대형참사로 기록되는 항공기 사고, 굴곡진 현대사에서 발생한 항공기 사고, 국내 항공사에서 발생한 사고, 항공기 정비오류에서 발생한 사고 등등 여러 항공기 사고의 사례를 살펴보고자 한다.

1) 인적오류를 다시 한 번 생각하는 계기가 된 항공기 사고

(1) 유나이티드항공 173편 추락사고

① 발생일: 1978년 12월 28일
② 사고 유형: 조종사 과실로 인한 연료 부족

[그림 Ⅲ-1] 유나이티드 173편 추락사고

③ 발생 위치: 미국의 포틀랜드 국제공항 근처

④ 기종: DC-8

⑤ 출발지: 뉴욕의 존 F. 케네디 국제공항

⑥ 도착지: 오리건의 포틀랜드 국제공항

⑦ 탑승인원(승객/승무원): 181/8

⑧ 사망자(승객/승무원): 8/2

⑨ 생존자(승객/승무원): 173/6

⑩ 사고 개요

사고 당시 포틀랜드 국제공항에 접근 중이던 항공기의 랜딩기어는 제대로 내려와 있었으나 랜딩기어등이 꺼져 있었다. 조종사들은 포틀랜드 남동쪽에서 기어 상태를 확인하면서 선회를 했다. 조종실의 조종사 및 항공기관사는 랜딩기어와 플랩 때문에 연료가 줄어들고 있는 상황을 인지하지 못했고, 결국 연료가 다 떨어지게 되어 엔진이 정지하였다. 조종사들은 비상착륙을 시도했지만, 결국 항공기는 포틀랜드 국제공항에서 남동쪽으로 11 km 떨어진 교외의 인구 밀집 지역에 있는 숲에 추락했다. 미국 연방교통안전위원회(NTSB : National Transportation Safety Board)는 우측 랜딩기어 실린더 어셈블리가 부식되어 우측 메인기어가 빠르게 내려왔고, 메인기어의 소형 스위치가 고장나 메인기어등이 켜지지 않은 것으로 결론을 내렸다. 이 사고를 계기로 유나이티드항공은 1981년 최초로 CRM(Cockpit Resource Management)을 도입, 현재 전 세계의 거의 모든 항공사에서 사용되고 있다.

(2) 알로하항공 243편 사고

① 발생일: 1988년 4월 28일

② 사고 유형: 기체 피로 파괴

③ 발생 위치: 미국 하와이섬 상공 부근

④ 기종: Boeing 737-200

⑤ 출발지: 힐로 국제공항

⑥ 도착지: 호놀룰루 국제공항

⑦ 탑승인원(승객/승무원): 90/5

⑧ 사망자(승객/승무원): 0/1

⑨ 생존자(승객/승무원): 90/4

⑩ 사고 개요

1988년 4월 28일, 힐로 국제공항에서 호놀룰루 국제공항으로 날아가던 보잉 737-200 여객기가 하와이 상공에서 금속 피로파괴현상으로 인해 동체가 뜯겨 나간 사고(그림 2-6 참조)이다. 승객들은 모두 안전벨트를 매고 있어서 안전했으나, 승무원 한 명이 기체 바깥으로 튕겨 나가 사망했다. 조종사는 사고 직후 안전하게 비상착륙에 성공하였다. 사고의 원인은 정비 부족에 의한 기체 균열이었는데, 근본적인 문제는 부족한 정비와 관리 프로그램이 이 사고의 주요 원인이라는 결론이 나왔다. 열악한 환경에서 정비를 실시하였고, 항공정비사들도 항공기 제작사의 권고안에 대한 내용을 이해하지 못했던 것이다. 이 사고는 MRM(Maintenance Resource Management)이 도입되는 주요 계기가 되었다.

2) 전 세계적으로 대형참사로 기록되는 항공기 사고

(1) 테네리페 대참사

① 발생일: 1977년 3월 27일

② 사고 유형: 활주로상 충돌, 조종사 및 관제 시스템 과실

③ 발생 위치: 스페인의 로스 로데오스 공항(현 테네리페 노르테 공항)

④ 기종: Boeing 747-200(KLM), Boeing 747-100(팬아메리칸항공)

⑤ 출발지: 네덜란드 암스테르담의 스키폴 국제공항(KLM), 미국의 로스앤젤레스 국제공항(팬아메리칸항공)

⑥ 경유지: 로스 로데오 공항(KLM, 팬아메리칸항공)

⑦ 도착지: 그란 카나리아 공항(KLM, 팬아메리칸항공)

⑧ 탑승인원(승객/승무원): 234/14(KLM), 380/16(팬아메리칸항공)

⑨ 사망자(승객/승무원): 233/14(KLM), 326/9(팬아메리칸항공)

[그림 Ⅲ-2] 사상 최악의 항공사고로 평가받고 있는 테네리페 대참사

⑩ 생존자(승객/승무원): 1/0(KLM), 54/7(팬아메리칸항공)

⑪ 사고 개요

KLM기의 판 잔턴 기장은 관제탑의 이륙 허가가 내려지지 않은 상태임에도 불구하고 이륙을 감행했다. 또, 깜짝 놀란 메우스 부기장이 이륙 허가가 떨어지지 않았다는 사실을 상기시켰지만 이륙 행위를 중단하지 않았으며, 이것이 참사의 직접적인 원인이다. 관제사는 이륙을 대기하라는 의미에서 '스탠바이'라고 이야기했지만 기장은 이륙 승인으로 인식하였으며, 표준용어가 아닌 네덜란드식 영어를 사용하여 의사소통에 문제가 되었다. 또한, 팬아메리칸항공 소속 항공기가 활주로에서 이동하고 있다고 알고 있었지만 악천후로 인한 짙은 안개로 공항의 시정이 좋지 못한 상태였다. 이 사고를 계기로 교신용어를 표준화시키도록 항공규칙이 변경되었다. KLM 항공기에서 유일하게 생존한 승객은 이륙 직전 경유지 공항에서 내린 덕분에 목숨을 건질 수 있었다. 이 사고는 항공사고 사상 최악의 인명사고라고 평가받고 있다.

(2) 일본항공 123편 추락사고

① 발생일: 1985년 8월 12일

② 사고 유형: 정비 불량에 의한 유압계통 이상

③ 발생 위치: 일본 군마현 다카마가하라산 능선

④ 기종: Boeing 747-SR

⑤ 출발지: 일본 도쿄의 하네다 국제공항

⑥ 도착지: 오사카의 이타미 국제공항

⑦ 탑승인원(승객/승무원): 509/15

⑧ 사망자(승객/승무원): 505/15

⑨ 생존자(승객/승무원): 4/0

⑩ 사고 개요

사고 항공기는 1985년 사고 발생 7년 전인 1978년 6월 2일 오사카 국제공항에 착륙하던 중, 테일 스트라이크로 후미가 파손돼 비행기의 기압을 유지하는 벌크헤드가 크게 타격을 받아 자체 수리가 불가능하였기 때문에 제작사인 보잉사에 정비를 의뢰한 항공기였다. 사고 항공기는 비행 중 수직꼬리날개가 날아가 버렸고, 그 영향으로 인해 조종면을 움직이는 동력을 제공하는 유압 분배기인 토크 박스까지 터져 버렸다. 그 결과 유압이 빠지게 되고, 조종력을 완전히 상실하게 된 것이다. [그림 Ⅲ-3]에서 보는 것과 같이 규정에 알맞은 수리방법은 2줄의 리벳이 박힌 이중 철판으로 동체와 고정해야 하는데, 보잉의 기술자가 수리하면서 보강재를 나누어서 고정한 탓에 2줄의 리벳과 1줄의 리벳이 박힌 이중 철판 2개로 고정하는 효과가 나게 되어 버렸다. 이와 같이 규정을 준수하지 않고 안일한 생각으로 수리를 하고 일본항공 측에서도 이상신호를 감지하였지만 무리하게 운항에 투입하여 대형참사를 불러오게 되었다. 단일 항공기 사고로는 역사상 최대의 인명 피해를 가져온 사고로 기록되고 있다.

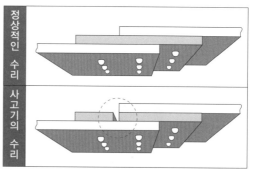

[그림 Ⅲ-3] 일본항공 123편의 사고. 정상적인 수리방법을 지키지 않아 발생한 대형참사

(3) 뉴델리 상공 공중충돌 사고

① 발생일: 1996년 11월 12일
② 사고 유형: 공중충돌, 조종사 과실
③ 발생 위치: 인도의 하리아나 차르키 다드리
④ 기종: Boeing 747-100(사우디아라비아항공), Ilyushin-76(카자흐스탄항공)
⑤ 출발지: 인도의 인디라 간디 국제공항(사우디아라비아항공), 카자흐스탄의 쉼켄트 국제공항(카자흐스탄항공)
⑥ 도착지: 다흐란 국제공항(사우디아라비아항공), 인디라 간디 국제공항(카자흐스탄항공)
⑦ 탑승인원(승객/승무원): 289/23(사우디아라비아항공), 27/10(카자흐스탄항공)
⑧ 사망자(승객/승무원): 289/23(사우디아라비아항공), 27/10(카자흐스탄항공)(전원 사망)
⑨ 생존자(승객/승무원): 0
⑩ 사고 개요

관제사의 지시에 의하면 두 항공기는 약 300 m의 고도 차이가 있어 충돌할 가능성은 없었으나, 카자흐스탄항공 소속 IL-76 항공기가 지시된 고도를 유지하지 않고 하강하고 있었다. 사고를 목격한 군용 C-141 수송기 승무원의 진술에서도 기류에 의한 것이 아닌 의도적인 하강이었음이 확인되었다. 사고의 원인은 카자흐스탄항공 조종사들의 위계질서에 따른 의사소통 문제에 있었음이 확인되었다. 사고 당시 통신기사가 고도를 착각하여 300 m 낮게 보고하였고, 낮은 고도에 B-747 항공기가 비행 중이라고 이야기하였다. 하지만 조종사는 낮은 고도로 비행하라는 뜻으로 잘못 알아들었고 상황을 인식하였을 때는

이미 되돌릴 수 없는 상황이었다. 또한, 인디라 간디 국제공항의 시설 중 레이더 장비는 항공기의 위치만 포착할 뿐 항공기의 트랜스폰더 신호를 받을 수 없었기 때문에 관제사가 확인할 방법이 없었다. 이 사고의 결과로 ACAS/TCAS, 즉 공중충돌 방지 경고장치 탑재가 의무화되었고, 인도 정부는 인디라 간디 국제공항의 시설을 보강하였다. 또한, 조종실 내의 위계질서에 따른 의사소통 문제도 대두되었다. 이 사고는 공중충돌로 인한 항공사고 중에서 가장 많은 사망자가 발생한 사건이며, 전체 항공사고로는 세 번째로 많은 사망자가 발생한 사고로 기록되고 있다.

[그림 Ⅲ-4] 349명의 목숨을 앗아간 뉴델리 상공 공중충돌사고

(4) 터키항공 981편 추락사고

① 발생일: 1974년 3월 3일
② 사고 유형: 설계 결함으로 인한 화물칸 문 탈락
③ 발생 위치: 프랑스 에르메농빌숲
④ 기종: DC-10
⑤ 출발지: 터키 이스탄불의 아타튀르크 국제공항
⑥ 도착지: 영국 런던의 히드로공항
⑦ 탑승인원(승객/승무원): 335/11
⑧ 사망자(승객/승무원): 335/11(전원 사망)
⑨ 생존자(승객/승무원): 0
⑩ 사고 개요

항공기 설계가 잘못된, 100% 항공기 제작사의 과실로 발생한 사고이다. 화물칸 도어의 설계가 잘못돼 있어 약 3,000 m 고도에 이르렀을 때, 화물칸 문이 뜯겨져 나가서 발생한

객실과 화물칸 사이의 압력 차로 인해 객실 바닥이 뚫려 버렸던 것이다. 그로 인해 승객 6명의 시트가 사라지고 동체에 거대한 구멍이 생기게 되었다. 그 충격으로 항공기 후방에 있는 케이블선 및 시스템이 크게 손상을 받아 유압을 상실하고, 조종력이 완전히 사라지게 되었다. 이 상황에서 조종사가 취할 수 있는 방법도 특별히 없었다. 엄청난 속도로 비행기가 하강하며 프랑스 에르메농빌숲에 추락, 탑승자 전원이 사망하고 항공기는 형체도 알아볼 수 없을 만큼 대파되는 대참사였다. 1970년대 당시에 사상 최대의 참사로 기록되었다.

[그림 Ⅲ-5] 흔적도 없이 사라져 버린 터키항공 981편 참사현장

(5) 위버링겐 상공 공중충돌 사고

① 발생일: 2002년 7월 1일
② 사고 유형: 공중충돌, 관제사 과실
③ 발생 위치: 독일 위버링겐
④ 기종: Tu-154(바시키르항공), Boeing 757-200(DHL 화물항공사)
⑤ 출발지: 러시아의 도모데도보 국제공항(바시키르항공), 이탈리아의 오리오 알 세리오 국제공항(DHL 화물항공사)
⑥ 도착지: 바르셀로나 국제공항(바시키르항공), 브뤼셀 국제공항(DHL 화물항공사)
⑦ 탑승인원(승객/승무원): 60/9(바시키르항공), 0/2(DHL 화물항공사)
⑧ 사망자(승객/승무원): 60/9(바시키르항공), 0/2(DHL 화물항공사) (전원 사망)
⑨ 생존자(승객/승무원): 0
⑩ 사고 개요
　　사고 당시 관제를 담당하던 취리히 ACC는 '스카이 가이드'라는 국영회사에 관제권이 있

었는데, 이 회사의 인력관리 문제로 인해 발생한 대형참사였다. 관제를 담당하는 회사는 두 명의 관제사를 배치했는데, 한 명이 자리를 비우자 한 명의 관제사가 항로 및 접근 관제 모두를 책임지게 되었다. 결국 이러한 인력 배치가 대형참사로 이어지게 되었다. 아무리 노련한 관제사라고 하더라도 혼자서 여러 항공기를 관제하는 것은 불가능에 가까운 일이며, 규정에도 두 명 이상의 관제사가 상주하도록 되어 있다. 이 사고로 인해 TCAS(공중충돌 방지장치)와 관제사의 지시 혼선 시의 명확한 규정에 대한 문제가 대두되었다.

[그림 Ⅲ-6] 관제사의 인력 배치문제가 대형참사로 이어진 위버링겐 상공 공중충돌 사고

(6) 사우디아라비아항공 163편 사고

① 발생일: 1980년 8월 19일
② 사고 유형: 기내 화물칸 화재
③ 발생 위치: 사우디아라비아의 킹 칼리드 국제공항
④ 기종: Lockheed L-1011
⑤ 출발지: 킹 칼리드 국제공항
⑥ 도착지: 킹 압둘아지즈 국제공항
⑦ 탑승인원(승객/승무원): 287/14
⑧ 사망자(승객/승무원): 287/14(전원 사망)
⑨ 생존자(승객/승무원): 0
⑩ 사고 개요

항공기가 이륙한 지 7분 후, 기체 후미의 화물칸에서 연기가 난다는 화재경보가 울렸다. 승무원들이 화재의 위험을 감지하여 조종사에게 보고하느라 약간의 시간이 지체되었고, 그 후 기장은 비상사태 선언 후 회항하게 된다. 비행기는 회항하여 무사히 착륙했지만

[그림 Ⅲ-7] 사고 후 동체가 전소돼 버린 사우디아라비아항공 163편

활주로 끝까지 가서야 정지했다. 그 후 항공기 쪽에서 아무런 반응이 없자 구조대는 항공기로 접근하여 항공기 내에서 화재가 발생한 것을 확인하였다. 구조대가 상황을 판단하며 고민하다가 엔진 정지 이후 23분 만에 문을 열어 보니 질식으로 인해 전원 사망한 상태로 단 한 명의 생존자도 찾을 수 없었다. 그 후 3분 후 항공기가 화염에 휩싸이고, 결국은 동체가 전소되고 말았다. 조종사가 조금 빠르게 판단하여 회항을 했더라면, 착륙 후 곧바로 문을 열었더라면 질식으로 인하여 전원이 사망하는 참사는 막을 수도 있었을 것이라고 이야기하지만 어디까지나 가정일 뿐이다.

3) 굴곡진 현대사 속에서 발생한 항공기 사고

(1) 9·11 테러

① 발생일: 2001년 9월 11일
② 사건 유형: 하이재킹, 자살테러
  ㉠ 아메리칸항공 11편
  • 발생 위치: 미국 뉴욕 제1세계무역센터
  • 기종: Boeing 767-200
  • 출발지: 미국 보스턴, 로건 국제공항
  • 도착지: 로스앤젤레스 국제공항
  • 탑승인원(승객/승무원/테러범): 71/11/5
  • 사망자(승객/승무원/테러범): 71/11/5(전원 사망)
  • 생존자(승객/승무원/테러범): 0

[그림 Ⅲ-8] 9·11 테러 및 테러로 인해 산화한 항공기

ⓛ 아메리칸항공 77편

• 발생 위치: 펜타곤(미국 국방부)

• 기종: Boeing 757-200

• 출발지: 워싱턴의 덜레스 국제공항

• 도착지: 로스앤젤레스 국제공항

• 탑승인원(승객/승무원/테러범): 48/6/5

• 사망자(승객/승무원/테러범): 48/6/5(전원 사망)

• 생존자(승객/승무원/테러범): 0

ⓒ 유나이티드항공 175편

• 발생 위치: 미국 뉴욕 제2세계무역센터

• 기종: Boeing 767-200

• 출발지: 보스턴의 로건 국제공항

• 도착지: 로스앤젤레스 국제공항

• 탑승인원(승객/승무원/테러범): 46/9/5

• 사망자(승객/승무원/테러범): 46/9/5(전원 사망)

• 생존자(승객/승무원/테러범): 0

ⓔ 유나이티드항공 77편

• 발생 위치: 미국 펜실베이니아주 생크스빌 벌판

• 기종: Boeing 757-200

• 출발지: 뉴어크 리버티 국제공항

• 도착지: 샌프란시스코 국제공항

• 탑승인원(승객/승무원/테러범): 29/7/4

• 사망자(승객/승무원/테러범): 29/7/4(전원 사망)

• 생존자(승객/승무원/테러범): 0

③ 사건 개요

9·11 테러라고 불리는 이 사건은 이슬람 세력인 오사마 빈 라덴 및 무장조직 알카에다의 동시다발적 항공기 납치 자폭 테러 사건으로 인류 역사상 최대 규모로 기록되어 있다. 4대의 항공기가 납치·폭파되었으며, 미국 뉴욕의 세계무역센터와 국방부 펜타곤 등이 공격받아 항공기 탑승자뿐만 아니라 건물에 있던 시민들까지 피해를 입어 3,000여 명의 사망자와 6,000명 이상의 부상자가 나온 최대 규모의 항공기 테러 사건이다.

(2) 창랑호 공중납치 사건

① 발생일: 1958년 2월 16일
② 사건 유형: 하이재킹
③ 발생 위치: 대한민국 평택 상공
④ 기종: DC-3
⑤ 출발지: 부산 수영비행장
⑥ 도착지: 서울 여의도비행장
⑦ 탑승인원(승객/승무원): 31/4
⑧ 사망자(승객/승무원): 미상
⑨ 생존자(승객/승무원): 승객 및 승무원 26명 송환

[그림 Ⅲ-9] 창랑호 납북 당시의 신문기사

⑩ 사건 개요

당시는 남북 분단에 따른 이데올로기적 시대 상황에 의해 간첩활동이 활발했던 시대로, 이 사건은 경기도 평택 상공에서 김택선 등 남파공작원 5명에 의해 항공기가 공중납치된 사건이다. 공작원들은 2명의 승객(군인)을 둔기로 쳐서 실신시키고 조종사를 위협, 기수를 북으로 돌리게 하여 북한 평양의 순안공항에 강제 착륙시켰다. 국제적으로 대두된 사건이며 나중에 승객 및 승무원 26명은 대한민국으로 송환되었다. 대한민국 역사상 최초의 항공기 납치사건이며 이후에도 지속적으로 납치사건이 발생한 것으로 미뤄 볼 때, 이 사건 직후 항공 보안에 관한 법적·제도적 장치 마련이 미흡했다고 볼 수 있다.

(3) 대한항공 YS-11 공중납치 사건

① 발생일: 1969년 12월 11일

② 사건 유형: 하이재킹

③ 발생 위치: 대한민국 평창 인근 대관령 상공

④ 기종: YS-11

⑤ 출발지: 강릉비행장

⑥ 도착지: 김포국제공항

⑦ 탑승인원(승객/승무원): 47/4

⑧ 사망자(승객/승무원): 미상

⑨ 생존자(승객/승무원): 승객 및 승무원 39명 송환

[그림 Ⅲ-10] YS-11 항공기 기체와 납북 당시의 신문기사

⑩ 사건 개요

창랑호 납북사건이 있은 지 11년 후인 1969년에 강릉을 출발해 서울로 향하던 대한항공 YS-11 항공기가 대관령 인근 상공에서 북한공작원 조창희(가명 한창기)에 의해서 강제로 납북되어 북한 함흥의 선덕비행장에 강제 착륙한 사건이다. 중앙정보부 조사 결과 공작원 조창희는 간첩 활동 후 북한의 지령을 받고 항공기 납치를 계획, 승객으로 비행기에 탑승하여 이륙 14분 후 조종사를 위협, 납북했다는 사실이 밝혀지게 되었다. 이후 39명의 승객 및 승무원은 송환된다. 이 사건을 계기로 항공기에 의무적으로 항공보안관이 탑승하게 되었고, 조종사는 권총으로 무장하는 법적 제도가 마련되었다.

(4) 일본항공 요도호 사건

① 발생일: 1970년 3월 31일
② 사건 유형: 하이재킹
③ 발생 위치: 대한민국 평창 인근 대관령 상공
④ 기종: Boeing 727
⑤ 출발지: 일본 도쿄의 하네다 국제공항
⑥ 도착지: 후쿠오카의 이타즈케공항
⑦ 탑승인원(승객/승무원/테러범): 122/7/9
⑧ 사망자(승객/승무원/테러범): 0
⑨ 생존자(승객/승무원): 승객 및 승무원 129명 김포공항에서 탈출
⑩ 사건 개요

일본 공산주의동맹 적군파 요원 9명이 승객으로 가장해 탑승, 도쿄를 이륙하여 후쿠오카로 향하던 일본항공 351편을 납치한 사건이다. 테러범들은 조종사를 협박하여 북한으로 갈 것을 요구하였으나, 항공기는 조종사의 기지와 한국의 협조로 김포국제공항에 착륙하게 된다. 김포국제공항에서는 공항 직원들이 인민복을 착용하면서까지 평양인 것처럼 테러범들을 속였으나 이내 사실이 드러나고 말았다. 테러범들은 승객 및 승무원들을 인질로 삼고 북한까지 안전하게 비행할 수 있도록 협상을 걸어왔다. 특수부대원 투입까지 고려하였지만 일본 정부의 만류에 따라 협상을 지속적으로 진행, 사흘에 걸친 협상 끝에 일본의 야마무라 외무상 차관이 탑승하고, 승무원 3명을 제외한 인질 승객과 승무원 126명이 풀려나게 된다. 그리고 테러범들의 요구에 따라 평양으로 가기 위해 김포국제공항을 이륙한 요도호는 북한 미림비행장에 도착하였고, 이들의 신병을 확보한 북한은 야마무라 차관과 승무원 3명을 요도호와 함께 송환하였다. 이념의 차이, 이데올로기 시대의 아픈 역사로 기록되어 있다.

[그림 Ⅲ-11] 김포국제공항에서 인질범으로부터 풀려나고 있는 승객들

(5) 대한항공 F-27 공중납치 미수사건

① 발생일: 1971년 1월 23일

② 사건 유형: 하이재킹

③ 발생 위치: 대한민국 홍천 상공

④ 기종: Fokker F-27

⑤ 출발지: 속초비행장

⑥ 도착지: 김포국제공항

⑦ 탑승인원(승객/승무원/테러범): 54/5/1

⑧ 사망자(승객/승무원/테러범): 0/1/1

⑨ 생존자(승객/승무원/테러범): 54/4/0

⑩ 사건 개요

이전의 두 차례 납북사건을 통해 대한민국 정부는 보안 검색의 강화, 승객의 익명 및 타인 명의의 사용 금지, 비행장 직원에게 사법권 부여, 무장한 항공보안관 탑승, 조종사에게 권총 지급, 조종실 문을 반드시 잠그도록 규정하는 등의 조치를 취했다. 이러한 상태에서 또 한 번 승객을 위장한 항공기 납치사건이 발생하였다. 납치범 김상태는 폭탄을 이용하여 위협, 북한으로 기수를 돌릴 것을 요구하였다. 조종사가 기지를 발휘해 속초에 착륙하려 했으나 납치범이 눈치를 채는 바람에 다시 기수를 북으로 돌렸고, 긴급 출격한 대한민국 공군 F-5 전투기와 조우하게 된다. 항공보안관 및 조종사들이 기지를 발휘해 승객들에게 통곡할 것을 부탁하고, F-5 전투기를 북한 MIG기라고 속여 납치범의 관심을 돌리는 사이 권총으로 납치범을 제압했다. 이 상황에서 납치범이 가지고 있던 폭탄이 점화돼

전명세 조종사가 몸을 던져 폭탄을 막아 피해를 최소화하였지만 본인은 중상을 입게 되었다. 납치범은 사살되고, 이강흔 기장은 항공기를 고성군 현내면 초도리 바닷가에 불시착시켰다. 이 사건으로 조종사·승무원 등 8명이 중상을 입었으며, 전명세 조종사는 후송 중 사망하였다. 한 사람의 살신성인이 대형참사를 막았으며, 이전의 납치사건으로 인한 법적 제도가 마련돼 있었기 때문에 그나마 미수로 끝나게 된 것이다.

[그림 Ⅲ-12] 강원도 고성 앞바다에 불시착한 대한항공 F-27 항공기

(6) 대한항공 007편 격추사건

① 발생일: 1983년 9월 1일
② 사건 유형: 민항기 격추, 조종사 과실
③ 발생 위치: 소련 사할린의 모네론섬 부근
④ 기종: Boeing 747-200
⑤ 출발지: 미국 뉴욕의 존 F. 케네디 국제공항
⑥ 도착지: 김포국제공항
⑦ 탑승인원(승객/승무원): 246/23
⑧ 사망자(승객/승무원): 246/23(전원 사망)
⑨ 생존자(승객/승무원): 0/0
⑩ 사건 개요

대한민국의 민간 항공기가 소련 전투기 Su-15기에 의해 격추된 역사적으로 전무후무한 사건이다. 비무장 민항기가 전투기에 요격당하는 초유의 사건이 발생하자 전 세계가 경악하였다. 이는 당시가 미국과 소련의 냉전시대였다는 것을 감안하더라도 있을 수 없는 일

이었다. 소련 측은 영공을 침범했다는 이유를 내세웠지만, 그런 경우 경고를 하여 영공을 벗어나게끔 유도해야 한다. 추가적인 주장은 미국 정찰기로 오인했다고 하지만 모든 정황을 확인해 본 결과 오인할 수 없는 환경이었다. 소련 영공을 침범한 이유를 차후 항공기 블랙박스 분석으로 확인해 본 결과, 조종사가 이륙 후부터 격추 시까지 HDG 모드(나침방위)에서 INS 모드(관성항법유도장치)로 변경하지 않은 것이 확인되었다. 이 사건으로 소련은 전 세계적으로 규탄과 엄청난 비난에 직면하게 된다. 1년 후, 이 사건의 영향으로 "민간 항공기 격추는 그 이유가 영공 침범이나 항로 이탈이라도 격추 자체에 대해서는 전적으로 격추시킨 당사자에게 책임을 물어야 한다."라는 내용으로 '시카고협약'이 개정되었다. 또한, 미국의 레이건 대통령은 군사용으로만 사용될 예정이던 GPS를 민간에게도 제공할 것을 공표, 이에 따라 민간 항공기에도 GPS 장비가 탑재되기 시작하였다.

[그림 Ⅲ-13] 소련 전투기에 격추되는 대한항공 007편 이미지

(7) 대한항공 858편 폭파사건

① 발생일: 1987년 11월 29일
② 사건 유형: 테러, 공중폭파
③ 발생 위치: 미얀마 근해 안다만 상공
④ 기종: Boeing 707-320
⑤ 출발지: 이라크의 바그다드 국제공항
⑥ 경유지: UAE의 아부다비 국제공항, 태국 방콕의 돈므앙 국제공항
⑦ 도착지: 김포국제공항
⑧ 탑승인원(승객/승무원): 95/20

⑨ 사망자(승객/승무원): 95/20(전원 사망)

⑩ 생존자(승객/승무원): 0/0

⑪ 사건 개요

88서울올림픽 개최 방해의 목적으로 북한 김정일의 지령을 받은 북한 공작원 김승일·김현희에 의해 대한항공기가 공중폭파된 대형참사이다. 테러범 김승일과 김현희는 위조여권을 사용, 일본인 관광객으로 철저히 위장하여 이라크 바그다드에서 항공기에 탑승한다. 그들은 라디오와 술병으로 위장한 시한폭탄을 기내 선반 위에 올려 두고, 경유지 아부다비에서 내린다. 시한폭탄은 설정된 대로 9시간 후 작동, 항공기는 경유지 방콕에 도착하기 44분 전 방콕 서쪽 128 km 지점인 안다만 상공에서 공중폭파되었다. 한국 정부가 테러 가능성도 배제할 수 없는 상황에서 경유지에서 내린 승객 중 위조여권을 사용한 일본인 2명을 유력한 용의자로 보고 조사하던 도중, 테러범들이 자살

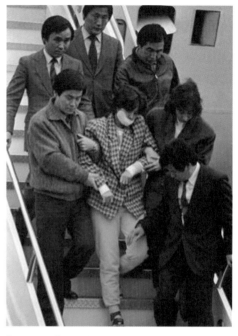

[그림 Ⅲ-14] 대한민국으로 압송되고 있는 대한항공 858편 테러범 김현희

기도를 하였다. 폭파범 중 김승일은 즉사, 김현희는 자살에 실패하여 대한민국으로 압송되었다. 그 후 테러범 김현희에 의해 사건의 전모가 모두 밝혀지게 되고, 북한은 전 세계의 규탄과 함께 국제사회로부터 엄청난 비난을 받게 된다. 절대 일어나서는 안 되는 항공기 사고가 분단이라는 민족적 아픔에 의해 발생, 매우 안타까운 사건으로 기록되고 있다.

4) 국내 항공사 및 국내에서 발생한 사고

(1) 대한항공 015편 착륙 실패 사고

① 발생일: 1980년 11월 19일

② 사고 유형: 조종사 과실, 기상 악화

③ 발생 위치: 김포국제공항 인근

④ 기종: Boeing 747-200

⑤ 출발지: 미국의 로스앤젤레스 국제공항

⑥ 도착지: 대한민국 김포국제공항

⑦ 탑승인원(승객/승무원): 212/14

⑧ 사망자(승객/승무원/지상인원): 9/6/1

⑨ 생존자(승객/승무원): 203/8

⑩ 사고 개요

　미국 LA를 출발하여 김포국제공항에 착륙하던 도중, 기상 악화로 인한 시야 불량 및 조종사의 과실로 인하여 활주로에 미치지 못한 상태에서 항공기가 지상에 터치다운(touch down)되는 언더슛(under shoot)이 발생한 사고였다. 조종사의 실수로 볼 수 있는 부분은 적정 활공각 이하 고도로 진입하여 활주로 90 m 전방의 제방에 메인 랜딩기어가 충돌하면서 중심을 잃고 활주로에 추락하며 항공기가 전소된 것이다. 이 사고로 활주로 바깥쪽 제방에서 경계근무를 서고 있던 군 장병 1명이 추가로 희생되었다. 화재가 발생하였음에도 불구하고 인화성 물질이 거의 없어 탈출시간이 충분하여 많은 승객이 생존했으나, 어퍼데크(upper deck)에 있던 승객들의 대부분은 질식으로 인해 사망하였다. 기상 상황이 좋지 않을 때는 무리하지 말고 무엇보다도 규정을 지켜야 된다는 교훈을 알려 준 사고라고 할 수 있다.

[그림 Ⅲ-15] 화염에 휩싸인 대한항공 015편

(2) 대한항공 376편 동체 착륙 사고

① 발생일: 1991년 6월 13일

② 사고 유형: 조종사 과실

③ 발생 위치: 대구국제공항

④ 기종: Boeing 727-200

⑤ 출발지: 제주국제공항

⑥ 도착지: 대구국제공항

⑦ 탑승인원(승객/승무원): 119/7

⑧ 사망자(승객/승무원): 0/0

⑨ 생존자(승객/승무원): 119/7(전원 생존)

⑩ 사고 개요

제주국제공항을 출발해 대구국제공항으로 가던 대한항공 소속 Boeing 727 항공기가 착륙 시 랜딩기어를 내리지 않고 동체 착륙한 사건이다. Boeing 727 항공기의 특성상 주 날개에 엔진이 없고, 다행히 연료의 양도 많지 않아서 대형참사로 이어지지는 않았다. 사고의 원인을 분석해 보면 100% 인적오류에 의해 발생한 사고라고 할 수 있다. 랜딩기어를 내리는 조작을 기장과 부조종사가 서로에게 떠밀다시피 했으며, 둘 중 누구 하나도 확실하게 조작을 하지 않았던 것이다. 또한, 관제탑에서도 랜딩기어가 내려오지 않은 것을 확인했는데, 해당 항공기가 아닌 뒤따라오는 항공기에게 교신해 버리는 실수도 있었던 것이다. 복합적인 인적오류에 의해 발생한 사고인데, 원활하지 못한 의사소통과 조종실 내부의 근무문화에 그 요인이 있다고 할 수 있다. 사고 이후 조종사들은 자격 박탈을 당하고

[그림 III-16] 동체 착륙한 대한항공 376편(위), 현재 실습용으로 활용되는 항공기(아래)

법정 구속까지 가게 되는 비극을 맞이한다. 동체 착륙을 한 기체는 현재 인하공업전문대에서 실습용으로 활용되고 있다.

(3) 아시아나 733편 추락사고

① 발생일: 1993년 7월 26일
② 사고 유형: 지형지물 충돌, 기상 악화, 조종사 과실
③ 발생 위치: 전라남도 해남군 화원면 마산리
④ 기종: Boeing 737-500
⑤ 출발지: 김포국제공항
⑥ 도착지: 목포공항
⑦ 탑승인원(승객/승무원): 104/6
⑧ 사망자(승객 및 승무원): 66
⑨ 생존자(승객 및 승무원): 44
⑩ 사고 개요

사고 당시 목포공항에는 강한 비가 내리는 등 기상이 매우 좋지 않은 상황이었다. 조종사는 착륙을 2번 시도했으나 모두 실패했다. 세 번째 착륙 시도를 하던 중, 비행기는 관제 레이더에서 사라지고 10분 후 야산에 추락하였음이 확인되었다. 근본적인 원인은 조종사의 무리한 착륙 시도라고 할 수 있으며, 악천후 및 목포공항의 시설이 추가적인 요인이 되었다. 대부분의 공항에 설치되어 있는 계기착륙장치(ILS: Instrument Landing System)가 목포공항에는 설치되어 있지 않았기 때문에 기상이 좋지 않을 때 착륙하기에는 상당히 무리가 있는 환경이었다. 정시 이착륙을 중요시하던 기업문화도 조종사가 무리한 착륙을 시

[그림 Ⅲ-17] 야산에 추락한 당시의 아시아나항공 733편

도하게 된 하나의 요인으로 평가된다. 악천후로 인하여 많은 비가 내리고 있었기 때문에 추락 후 화재에 의한 2차 피해가 없었던 점은 불행 중 다행이라고 할 수 있다.

(4) 대한항공 2033편 활주로 이탈사고

① 발생일: 1994년 8월 10일
② 사고 유형: 조종사 과실, 활주로 이탈, 지형지물 충돌
③ 발생 위치: 제주국제공항
④ 기종: Airbus 300-600
⑤ 출발지: 김포국제공항
⑥ 도착지: 제주 국제공항
⑦ 탑승인원(승객/승무원): 152/8
⑧ 사망자(승객/승무원): 0/0
⑨ 생존자(승객/승무원): 152/8(전원 생존)
⑩ 사고 개요

사고 당시 제주국제공항에는 최대 37 knot의 강한 돌풍이 불고 있었는데 항공기는 속도를 줄이지 못하고 결국 활주로를 이탈하여 지형지물에 충돌하게 된다. 조종사의 과실 측면은 활주로 접지 시 정상 접지지점을 벗어난 것, 착륙 시 적정속도를 초과한 부분이라고 할 수 있다. 가장 큰 문제점은 의사소통이었다. 기장은 외국인(국적 캐나다)이었고 부조종사와 소통이 잘 이루어지지 않은 것이 사고 분석 결과 확인되었다. 특히, 영어로 의사소통 시에 기장은 표준영어를 사용하지 않았으며, 부조종사는 표현을 제대로 이해하지 못한 것으로 알려졌다. 또한, 상호 협조하는 과정에서도 의사소통의 문제가 드러났는데, 기장

[그림 Ⅲ-18] 승객 탈출 직후 폭발하여 전소된 대한항공 2033편

은 착륙을 시도하고, 부조종사는 복행하고자 하여 기장의 허가 없이 조종간을 조작하기도 하였다. 다행히 객실승무원들의 빠른 대처로 항공기가 정지한 직후 4분 만에 전원이 탈출하였는데, 탈출 후 1분 만에 항공기가 폭발하게 된다. 빠른 대처 덕분에 인명 피해가 없었던 점은 그나마 다행이라고 할 수 있다. 조종실에서의 원활한 의사소통의 중요성을 다시한 번 일깨워 준 사고라고 할 수 있다.

(5) 대한항공 801편 추락사고

① 발생일: 1997년 8월 6일
② 사고 유형: 지형지물 충돌, 조종사 과실
③ 발생 위치: 미국령 괌의 타무닝
④ 기종: Boeing 747-300
⑤ 출발지: 대한민국 김포국제공항
⑥ 도착지: 괌의 아가나 국제공항
⑦ 탑승인원(승객/승무원): 237/17
⑧ 사망자(승객 및 승무원): 228
⑨ 생존자(승객 및 승무원): 26
⑩ 사고 개요

대한항공 801편 추락사고는 복합적 요인에 의하여 발생한 사고라고 할 수 있다. 당시는 휴가철로 승객 수요가 증가하여 기존에 투입하던 A300-600 기종 대신에 임시적으로 B747-300 기종을 투입하고 있었다. 시설적인 측면에서 볼 때, 비행 브리핑에서 조종사들은 괌 아가나공항의 활주로가 VOR·DME로부터 약 5.4 km 떨어진 곳에 위치하고 있

[그림 Ⅲ-19] 괌 니미츠힐 언덕에 추락한 대한항공 801편

는 것과 계기착륙장치(ILS : Instrument Landing System)가 고장나 있음을 인지하고 있었다. 그러나 실제 착륙을 준비하는 중에 ILS 중 하나인 글라이드 슬로프(Glide Slope, GS) 신호가 잡히는 것을 보고 관제사에게 확인을 했지만 관제사는 약간 우유부단한 태도를 취했다. 나중에 확인된 사실이지만 이 신호는 오작동된 것으로 확인되었다. 착륙 시 접근을 할 때에는 규정상 계단식으로 하강해야 하는데 일직선으로 하강하였고, 대지근접경보장치(GPWS : Ground Proximity Warning System)의 경보가 여러 번 울렸다. 부조종사도 접근 실패를 외쳤지만 기장은 이를 무시하고, 이러한 상황을 착륙 3초 전에 인식하게 되었다. 또한, 괌지역에 강우가 내리고 있었고, 기장의 피로도 또한 매우 높았다. 결국 이 사고는 기장의 피로, 괌 아가나 국제공항의 활주로 시설 고장, 악천후, 조종사와 관제사 간의 의사소통 부족 등 다양한 요인들이 한꺼번에 겹치면서 대형참사로 이어지게 되었던 것이다.

(6) 중국 국제항공 129편 추락사고

① 발생일: 2002년 4월 15일
② 사고 유형: 지형지물 충돌, 조종사 과실
③ 발생 위치: 경상남도 김해시 지내동
④ 기종: Boeing 767-200
⑤ 출발지: 중국 베이징의 수도국제공항
⑥ 도착지: 부산의 김해국제공항
⑦ 탑승인원(승객/승무원): 155/11
⑧ 사망자(승객 및 승무원): 129
⑨ 생존자(승객 및 승무원): 37

[그림 Ⅲ-20] 김해 돗대산에 추락한 중국 국제항공 129편

⑩ 사고 개요

사고 당시 김해국제공항의 기상 상황으로 인해 서클링(circling) 접근으로 착륙이 허가되었다. 그런데 착륙을 시도하던 중 선회 지점을 지나쳐 항공기는 김해국제공항 북쪽의 돗대산에 충돌하게 된다. 충돌 후 항공유가 누출되어 화재가 발생했다. 사고 원인을 분석한 결과 조종사 과실이 가장 큰 사고요인으로 확인되었다. 조종사들은 선회 접근을 수행할 때 착륙기상 최저치를 숙지하지 못하였다. 또한, 중국 국제항공의 운항 및 훈련 매뉴얼에 실패 접근과 관련된 사항들이 포함되어 있지 않는 등 조종사 자원관리가 미흡하다는 평가를 받게 되었다. 최종적으로 선회 접근을 할 때 기장이 상황을 인식하지 못했고, 부조종사의 복행 권고에도 반응하지 않았다. 결론적으로 교육 및 훈련의 부재, 상황 인식의 결여, 의사소통의 부족 등이 복합적으로 나타난, 인적요인에 의한 사고로 기록되고 있다.

(7) 아시아나 214편 착륙 실패 사고

① 발생일: 2013년 7월 7일
② 사고 유형: 조종사 과실
③ 발생 위치: 미국의 샌프란시스코 국제공항
④ 기종: Boeing 777-200
⑤ 출발지: 인천국제공항
⑥ 도착지: 샌프란시스코 국제공항
⑦ 탑승인원(승객/승무원): 291/16
⑧ 사망자(승객/승무원): 3/0
⑨ 생존자(승객/승무원): 288/16
⑩ 사고 개요

아시아나 214편 비행은 교육 비행이었다. Boeing 777 기종의 비행 경험이 얼마 되지 않은, 기종 전환을 앞두고 있는 조종사가 좌측 기장석에서 조종을 하고, 또한 우측 부기장석에는 교관이 앉아서 훈련을 시키는 상황이었다. 비행하는 동안은 특별한 문제가 없었으나, 착륙할 때에 조종사의 과실이 발생하게 된다. 조종사가 시계 접근을 하는 도중, 고도 강하가 부적절하였으며, 의도하지 않게 자동속도조절장치의 작동을 중지시켰다. 또, 조종사들이 항공기 속도를 충분히 모니터링하지 않았으며, 항공기가 정상적인 강하 경로 및 속도에서 과도하게 벗어났음을 인지한 뒤에도 복행을 지연시켰다. 그 결과로 항공기는 활주로에 조금 못 미친 방파제에 동체 후미 부분이 충돌해 꼬리날개 부분이 떨어져 나갔으며, 항공기는 270도 회전 후 겨우 멈춰 서게 된다. 사고 발생 15분 뒤 동체 천장부 전기·전자계통 회선에서 화재가 발생하여 기체가 전소되었다. 이 사고로 3명이 사망하였지만, 객실승무원의 침착한 대처로 대부분의 승객이 생존할 수 있었다. 교육 및 훈련, 규정 준수 등의 중요성을 다시금 확인할 수 있는 사고였으며, Boeing 777 기종 중 최초로 발생한 항공기 사고로 기록되고 있다.

[그림 Ⅲ-21] 착륙 실패로 꼬리날개가 떨어져 나간 아시아나항공 214편

(8) 티웨이항공 282편 테일 스트라이크(tail strike) 사고

① 발생일: 2016년 8월 7일
② 사고 유형: 조종사 기량 미숙
③ 발생 위치: 인천국제공항
④ 기종: Boeing 737-800
⑤ 출발지: 일본 오사카의 간사이 국제공항
⑥ 도착지: 인천국제공항
⑦ 탑승인원(승객/승무원): 176/6
⑧ 사망자(승객/승무원): 0/0
⑨ 생존자(승객/승무원): 176/6
⑩ 사고 개요

일본 오사카의 간사이 국제공항을 출발하여 인천국제공항에 착륙하던 티웨이항공 282편이 착륙 실패 후 복행하던 중, 과도하게 기수를 들어 올려 동체 후미 부분이 활주로에 부딪히는 바람에 테일 스트라이크(tail strike)가 발생한 사건이다. 인명 피해가 없어서 큰 사고가 아닌 것처럼 보이지만, 이 사고를 분석해 보면 인적요인의 중요성을 다시 한 번 확인할 수 있는 사고이다. 기장은 외국인(국적 대만)이었고, 부조종사는 5개월 경력의 신입 조종사였다. 특히, 부조종사가 훈련 시 복행 관련한 교육·훈련이 부족하다는 교관의 의

견 및 평가가 있었지만 기장이 외국인이라서 평가자료를 해석하기 어려웠다. 따라서 단순한 사고가 아닌 원활하지 못한 의사소통과 교육·훈련의 부족이 사고의 근본적인 원인이라고 볼 수 있다.

5) 항공기 정비오류에서 발생한 항공기 사고

(1) 페루항공 603편 추락사고

① 발생일: 1996년 10월 2일
② 사고 유형: 정비오류
③ 발생 위치: 페루 태평양
④ 기종: Boeing 757-200
⑤ 출발지: 페루 카야오의 호르헤 차베스 국제공항
⑥ 도착지: 칠레 산티아고의 코모도로 아르투로 메리노 베니테스 국제공항
⑦ 탑승인원(승객/승무원): 61/9
⑧ 사망자(승객/승무원): 61/9(전원 사망)
⑨ 생존자(승객/승무원): 0/0

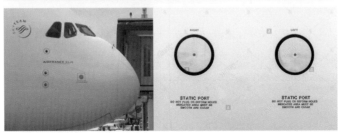

[그림 Ⅲ-22] 계기의 오작동으로 바다로 추락한 페루항공 603편(위), 문제가 된 항공기의 정압공(static port)(아래)

⑩ 사고 개요

사고 항공기가 이륙하자마자 모든 비행계기들이 올바른 값을 나타내지 않았다. 조종사들은 비상사태를 선포하고 항공기를 착륙시키기 위해 노력했지만, 속도와 고도에 대한 정보를 알 수 없었다. 결국 항공기는 해수면에 부딪히며 바다로 추락하여 전원 사망하는 참사로 이어지게 된다. 이 사고에서는 정비사의 사소한 실수 하나가 대형참사로 이어지게 되었다. 놀랍게도 이 사고의 원인은 덕트 테이프였다. 항공기를 세척하기 위해 정압공(static port)에 물이 들어가지 않도록 테이프를 이용하여 구멍을 막는데, 세척 후 테이프를 떼는 것을 잊어버린 것이다. 정압공이 막혀 버리면 속도계·고도계·승강계와 같은 피토 정압계기가 정상적으로 작동할 수 없게 된다. 특히, 한밤중이었고 바다 위를 비행하고 있었기에 조종사들이 시계 비행을 통해 속도와 고도를 가늠해 볼 수 있는 환경조차 되지 않았던 것이다. 사소한 실수 하나가 대형참사를 불러올 수 있다는 것을 확인할 수 있었던 사고로 기록되고 있다.

(2) 영국항공 5390편 기체 감압 사고

① 발생일: 1990년 6월 10일
② 사고 유형: 정비 불량
③ 발생 위치: 영국 옥스포드셔 주 딕스코트 부근
④ 기종: BAC-111
⑤ 출발지: 영국 버밍엄공항
⑥ 도착지: 스페인 말라가공항
⑦ 탑승인원(승객/승무원): 81/6
⑧ 사망자(승객/승무원): 0/0
⑨ 생존자(승객/승무원): 81/6(전원 생존)
⑩ 사고 개요

해당 사고는 항공정비사의 피로에 의해 발생한 사고로, 다행히도 조종사들의 신중한 대처 덕분에 대형참사로 이어지지 않았던 사고이다. 해당 항공기를 정비할 때 항공정비사가 조종실 유리를 다시 결합하는 과정에서 본래 사용해야 할 나사보다 작은 나사를 사용하였다. 여기에 불안정한 정비 자세, 야근으로 인한 피로감이 겹쳐 나사 결합의 이상을 발견하지 못했다. 고정용 볼트 90개 중에 84개가 규격보다 직경이 0.66mm 작은 것이 사용되었으며, 나머지 6개는 규격보다 길이가 2.5mm 짧은 것이 사용되었다고 한다. 매뉴얼을 따르지 않고 육안으로 볼 때 비슷한 볼트를 사용했기 때문에 벌어진 일이라고 할 수 있다. 이렇게 결합된 조종실 유리는 비행 중 압력을 견디지 못하고 떨어져 나갔고 그로 인해 안전벨트를 착용하지 않은 기장이 기체 밖으로 빨려 나갔으나, 발이 조종간에 걸려 완전히 빠져나가지 않은 상태에서 객실승무원이 기장을 붙잡은 사이 부기장이 항공기를 안전하게 비상착륙시키는 데 성공하였다. 무엇보다 항공정비사의 규정 준수가 중요하다는 것을 다시 한 번 일깨워 준 사고로 기록되고 있다.

[그림 Ⅲ-23] 영국항공 5390편 사고기 밖으로 빨려 나간 기장이 비상착륙 후 안전하게 조종실로 들어가고 있다.

(3) 알래스카항공 261편 추락사고

① 발생일: 2000년 1월 31일
② 사고 유형: 정비 불량
③ 발생 위치: 미국 캘리포니아 주 아나카파섬 부근
④ 기종: McDonnell Douglas MD-83
⑤ 출발지: 멕시코의 구스타보 디아스 오르다스 국제공항
⑥ 도착지: 미국 시애틀의 타코마 국제공항
⑦ 탑승인원(승객/승무원): 83/5
⑧ 사망자(승객/승무원): 83/5(전원 사망)
⑨ 생존자(승객/승무원): 0/0
⑩ 사고 개요

이 사고는 정비를 제대로 받지 못해 발생한 대표적인 사건이다. 원래 항공기를 조종할 때 고도를 유지하기 위해서는 조종면을 계속해서 맞춰 나가야 한다. 그런데 조종사가 조종간으로 이를 계속 유지하면서 맞추는 것은 엄청난 피로를 느낄 수 있는 작업이므로 이

[그림 Ⅲ-24] 정비 불량으로 추락하고 있는 알래스카항공 261편(왼쪽). 동일 기종에서 잭 스크루(jack screw)의 윤활유를 보급작업하는 장면(오른쪽)

는 안전에 있어서 위험요소가 될 수 있기 때문에 항공기는 트림이라는 기능을 가지고 있다. 수송용 민간 항공기의 경우, 승강타(elevator)를 변위시키지 않고 수평안정판(horizontal stabilizer) 자체의 각도를 잭 스크루(jack screw)를 활용하여 맞추고 있다. 수평안정판에 볼트와 모터를 달고 기체에 고정된 너트로 각도를 고정시키며, 스크루봉 위아래에 페어링을 만들어 너트에서 빠지지 않도록 하는 구조이다. 그러나 이러한 구조는 쉽게 마모되기 때문에 주기적으로 윤활유를 보충해 주어야 한다. 그러나 항공사는 단순히 정비 비용을 아끼기 위하여 실제 기준보다 정비 간격을 13배나 늘렸기 때문에 윤활유가 모두 말라 버려 그 기능을 할 수 없었고, 피치다운(pitch down)에서 고정되었다. 결국에는 스크루봉이 아예 너트에서 빠져 버리면서 기체 외피까지 찢어지고 솟아올라 항공기가 급강하하면서 추락, 탑승자 전원의 생명을 앗아가는 대형참사가 되었다. 대부분의 저가 항공사들이 비용을 절감하기 위하여 정비 간격을 넓게 두는 것에 큰 경종을 울린 사건이라고 할 수 있다.

01. 항공기 운항과 인적요소(human factors)가 아닌 것은?

① 운항승무원은 운항 중에 정밀하고 복잡한 기기의 작동 상태를 수시로 확인하여야 한다.

② 운항승무원이 운항 중에 행동을 스스로 깨닫거나 편조된 다른 승무원에게 교정을 요구하는 것은 인적 과오에 대한 사고 유발성을 높인다.

③ 운항승무원은 운항 중에 항행 상황을 각종 계기와 표시장치(display unit)를 통하여 수시로 확인하여야 한다.

④ 운항승무원은 운항 중에 여러 가지 장치를 동시에 감시하고 조작하는 작업을 병행하여야 한다.

해설 인적요소(human factors)

항공기는 공중을 비행하는 운송수단으로서 여러 가지 물리적 법칙과 원리에 따른 이론에 의거, 설계·제작된다. 또, 안전성(安全性) 확보를 위하여 여러 가지 예비장치를 갖추고 있어 지상 및 해상 교통수단에 비해 기계구조와 장치가 매우 정밀하고 복잡하다. 항공기의 운항승무원은 운항 중에 이와 같이 정밀하고 복잡한 기기의 작동 상태와 항행 상황을 각종 계기와 표시장치(display unit)를 통하여 수시로 확인하고 필요시 규정된 절차와 기량에 따라 신속하고 정확하게 대응하여야 하며, 상황에 따라 여러 가지 장치를 동시에 감시하고 조작하는 작업을 병행해야 한다.

02. 인적요소(human factors)의 개념이 아닌 것은?

① 인간은 안전하고 효율적으로 대응할 수 있는 탄력성이 부족하다.

② 인간은 환경 변화에 따라 신축적으로 대응할 수 있는 능력이 있다.

③ 인간은 감성과 편이에 따라 상황을 인지하고 스스로 판단한다.

④ 인간은 가변적이고 유동적인 형태적 특성이 없다.

해설 인적요소(human factors)의 정의

항공기의 자동화 시스템은 사람이 입력한 자료에 따라 작동하므로 환경 변화로 인한 위기요소와 조우할 경우에 안전하고 효율적으로 대응할 수 있는 탄력성이 부족하다. 반면에, 인간은 환경 변화에 신축적으로 대응할 수 있는 능력이 있으면서도 자신의 감성과 편이에 따라 상황을 인지하고, 스스로의 기준에 따라 판단하고 의사결정을 내려 행동함으로써 가변적이고 유동적인 형태적 특성을 가지고 있다.

03. 항공운송을 구성하는 가장 핵심적인 요소는?

① 인간　　　　　　　　　　　② 교통수단

③ 시설·장비 등 환경　　　　　④ 교통 관련 법규

정답 1. ② 　2. ④ 　3. ①

해설 항공운송을 구성하는 요소 가운데 인간은 시설·장비의 상태, 자연 및 작업 환경에 따라 운송수단을 운용하는 당사자로, 핵심적인 기능과 주체적인 역할을 담당한다. 따라서 인간이 조우하는 요소들과 마찰·부조화가 일어날 때 기능이 저하되거나 감퇴되어 소기의 목적을 달성하지 못할 뿐 아니라 인간의 과오로 이어질 때 사고의 위험이 되는 것이다.

04. Frank H. Hawkins의 SHEL 모델에 해당하는것은?

　① 인간-인간(Liveware-Liveware)

　② 환경-소프트웨어(Environment-Software)

　③ 소프트웨어-기기(Software-Hardware)

　④ 환경-기기(Environment-Software)

해설 Frank H. Hawkins의 SHEL 모델

- 인간 : 소프트웨어(Liveware : Software)
- 인간 : 기기(Liveware : Hardware)
- 인간 : 환경(Liveware : Environment)
- 인간 : 인간(Liveware : Liveware)

S : Software
H : Hardware
E : Environment
L : Liveware

05. Crew Resource Management 교육·훈련의 목적이 아닌 것은?

　① 지도력(leadership) 향상

　② 의사소통(communication) 원활화

　③ 승무원 상호 간 협력(coordination) 증진

　④ 승무원의 생리(physiology) 관찰

해설 Crew Resource Management 교육·훈련의 목적

인적요인 기술 교육·훈련 과정에서는 항공기에 탑승하고 있는 모든 승무원들이 가지고 있는 지식과 기량의 활용을 극대화하여 운항업무의 능률성·효율성 및 안전성 확보에 기여하고자 인적요인의 기술교육·훈련 과목으로 지도력(leadership), 인성(人性)과 태도(personality and attitudes), 의사소통(communication), 승무원 상호 간 협력(coordination) 등의 향상을 위한 훈련을 실시한다.

06. 항공교통에서 인적요소에 대한 교육·훈련의 목적에 해당하지 않는 것은?

　① 인적 과실에 의한 사고 예방

　② 항공기 운항의 효율성과 능률성 제고

　③ 인간의 능력 극대화

　④ 항공기 사고 조사의 효율화

정답 4. ①　5. ④　6. ④

- 인적 과실에 의한 사고 예방
- 항공기 운항의 효율성과 능률성 제고
- 인간의 능력 극대화

07. 인간의 행동특성을 가장 잘 설명한 것은?
① 인간의 행동은 주변 환경과 상황에 따라 유동적이다.
② 인간의 행동은 심리과정을 거치지 않고 행동한다.
③ 정확한 반복 동작이 가능하다.
④ 동일한 정보에 대하여는 항상 같은 행동 반응을 일으킨다.

해설 인간의 행동특성

인간이 어떠한 정보에 대해 인지하고 행동에 이르는 모든 일련의 과정은 모두 동일하게 수행하고 이해하는 것이 아니다. 주변 환경과 상황에 따라 항상 유동적으로 변화한다.

08. SHEL 모델에서 소프트웨어 요소에 해당하는 것은?
① 항공생리 ② 심리
③ 적성 ④ 항공법규

해설 항공기 정비작업에서 SHELL 모델 적용 시의 요소별 예시
- 소프트웨어(S, Software) : 작업 매뉴얼과 같은 지침서, 작업도면, 작업지시서, 작업규칙, 관계 법령 (항공법규)
- 하드웨어(H, Hardware) : 항공기 기체, 각종 공구, 정밀측정공구 등
- 환경(E, Environment) : 작업장의 상황, 조명, 소음, 날씨, 정신적인 스트레스 등
- 사람(L, Liveware)
  - 중심의 L : 당사자
  - 주변의 L : 당사자 이외의 사람(상사, 동료, 후임, 그 외 관계되는 사람들)

09. 인간의 행동과정은?
① 정보 수집 – 지각 – 인지 – 판단 – 의사결정 – 행동
② 정보 수집 – 판단 – 인지 – 지각 – 의사결정 – 행동
③ 의사결정 – 인지 – 정보 수집 – 판단 – 지각 – 행동
④ 인지 – 판단 – 지각 – 정보 수집 – 행동 – 의사결정

해설 정보 수집 – 지각 – 인지 – 판단 – 의사결정 – 행동

정답 7. ① 8. ④ 9. ①

10. 인간의 행동 반응에 가장 크게 영향을 미치는 요소는?

　　① 생리　　　　　　　　　　　② 심리

　　③ 기기　　　　　　　　　　　④ 환경

해설 인간의 행동 반응에 가장 큰 영향을 미치는 요소는 심리이다. 또한, 심리학은 인간공학의 뿌리가 되는 대표적인 학문이다.

11. 대기의 조성이 잘못된 것은?

　　① 혼합가스로 질소 78%, 산소 21%, 기타 가스 1%로 구성되어 있다.

　　② 공기의 압력은 psi, m, mmHg 등으로 표시한다.

　　③ 1기압은 수은 기둥을 760 mm 올리는 힘이다.

　　④ 물속으로 10 m 들어갈 때마다 1기압씩 증가한다.

해설 대기의 조성
- 혼합가스로 질소 78%, 산소 21%, 기타 가스 1%로 구성되어 있다.
- 공기의 압력은 psi, mb, mmHg 등으로 표시한다.
- 1기압은 수은 기둥을 760 mm 올리는 힘이다.
- 물속으로 10 m 들어갈 때마다 1기압씩 증가한다.

12. 고공에서 산소 공급이 필요한 이유는?

　　① 지표에서는 산소가 21%인데 상승할수록 공기 중 산소의 비율은 감소한다.

　　② 지표에서는 산소가 21%인데 상승할수록 공기 중 산소의 비율은 증가한다.

　　③ 고공으로 상승할수록 기압이 증가해 산소분압이 증가한다.

　　④ 고공으로 상승할수록 기압이 감소해 산소분압이 감소한다.

해설 고공에서의 산소 공급 : 산소의 비율은 고도에 따라 거의 변하지 않으나, 기압은 고도가 상승함에 따라 낮아진다.

13. 기압이 2분의 1로 감소되는 18,000ft 높이에서 어떻게 산소분압을 구할 수 있는가?

　　① $P_{0, O_2} = 380 \,mmHg \times 0.21 = 80 \,mmHg$

　　② $P_{0, O_2} = 380 \,mmHg \times 0.30 = 114 \,mmHg$

　　③ $P_{0, O_2} = 380 \,mmHg \times 0.40 = 152 \,mmHg$

　　④ $P_{0, O_2} = 380 \,mmHg \times 0.50 = 190 \,mmHg$

정답　10. ②　11. ②　12. ④　13. ①

해설 기압이 2분의 1로 감소되므로 P_0 = 760 mmHg = 380 mmHg

그중 공기 중 산소의 비율이 21%이므로, 산소분압 P_0, $_{O_2}$ = 380 mmHg × 0.21 = 80 mmHg

14. 순환기의 대상작용으로 의식을 유지할 수 있는 최고 고도는?

① 10,000 ft

② 15,000 ft

③ 18,000 ft

④ 25,000 ft

해설 대류권에서의 대상작용
- 10,000 ft : 정상 활동
- 15,000 ft : 의식 유지
- 18,000 ft : 감압병의 원인

15. 저산소증에 가장 민감한 인체기관은?

① 심장　　　　② 신장　　　　③ 간　　　　④ 뇌

해설 저산소증에 노출되면 환각이나 혼동을 일으키며, 심한 경우 의식불명의 상황에 이르게 되는 등 뇌와 가장 밀접한 관계가 있다고 볼 수 있다.

16. 인체 호흡에 대한 설명이 틀리는 것은?

① 성인 1회 호흡량은 평균 500cc이다.

② 호흡 시 내쉬는 숨 가운데 산소가 17% 포함되어 있다.

③ Hb-산소해리곡선은 S자 형태이다.

④ 인체는 에너지와 산소를 저장할 수 있다.

해설 인체 호흡
- 성인 1회 호흡량은 평균 500cc이다.
- 호흡 시 내쉬는 숨 가운데 산소가 17% 포함되어 있다.
- Hb-산소해리곡선은 S자 형태이다.
- 인체는 에너지를 저장할 수 있지만, 산소를 저장할 수는 없다.

17. 저산소증에 대한 설명 중 틀린 것은?

① 저산소증에 빠져도 본인은 전혀 모를 수 있다.

② 과호흡증과 구별이 잘 안 된다.

③ 시야 협소나 시력장애는 저산소증과는 무관하다.

④ 산소가 전혀 없는 상태에서는 유효 의식시간은 9~12초이다.

정답 14. ②　15. ④　16. ④　17. ③

해설 저산소증
- 저산소증에 빠져도 본인은 전혀 모를 수 있다.
- 과호흡증과 구별이 잘 안 된다.
- 저산소증은 시야가 협소하여 시력장애를 일으킬 수 있다.
- 산소가 전혀 없는 상태에서는 유효 의식시간은 9~12초이다.

18. 25,000 ft에서의 유효 의식시간은?

① 20~30분 　　② 10분 　　③ 3~5분 　　④ 1~2분

해설 25,000 ft에서의 유효 의식시간은 약 3~5분 정도이다.

19. 과호흡증에 문제가 되는 가스는?

① O_3 　　② CO_2 　　③ CO 　　④ N_2

해설 과호흡증에 문제가 되는 기체는 이산화탄소이다. 사람이 호흡을 할 때 들숨은 산소 기체이며, 날숨은 이산화탄소이다. 이산화탄소를 들숨으로 할 때 과호흡증이 유발되기 쉽다.

20. 호흡에 대한 설명이 틀리는 것은?

① 과호흡 시 가장 흔한 증상은 현기증이다.
② 감압증은 질소가스 때문에 발생한다.
③ 가속도와 저산소증과는 관련 없다.
④ 변압증은 우리 몸의 가스가 있는 부위에서 생긴다.

해설 호흡
- 과호흡 시 가장 흔한 증상은 현기증이다.
- 감압증은 질소가스 때문에 발생한다.
- 가속도와 저산소증은 호흡곤란을 일으킨다.
- 변압증은 우리 몸의 가스가 있는 부위에서 생긴다.

21. 체강통 증세에 대한 설명이 아닌 것은?

① 비행 전 참외나 배추·사과 같은 음식을 먹는다.
② 감기에 걸리거나 목이 아플 때 중이통은 더 발생한다.
③ 중이통 발생 시에 발살바(Valsalva)법을 한다.
④ 치통은 보통 상승 시(30,000 ft 이상) 나타난다.

정답 18. ③　19. ②　20. ③　21. ①

해설 • 체강통 : 신체 안에 갇혀 있는 공간의 공기가 팽창하게 되면 이른바 '체강통'이라고 불리는 통증을 느낄
수 있다.
• 비행 전에 양파 · 배추 · 사과 · 무 · 콩 · 오이 및 참외 등의 음식을 먹으면 가스 형성이 촉진된다.

22. 감압증(decompression sickness)에 대한 설명이 잘못된 것은?
① 사이다 뚜껑을 열 때와 똑같은 현상이다.
② 가장 흔한 증상은 관절통이다.
③ 단순한 관절통은 하강 후 100% 산소의 흡입으로 치료될 수 있다.
④ 예방법으로 고공으로 상승 시 신체 활동을 늘린다.

해설 감압증(decompression sickness)
• 사이다 뚜껑을 열 때와 똑같은 현상이다.
• 미세 질소 기포가 혈관이나 조직에 발생하여 증상을 일으킨다.
• 단순한 관절통은 하강 후 100% 산소의 흡입으로 치료될 수 있다.
• 100% 산소의 흡입으로 치료될 수 없을 때는 가압실 치료를 받아야 한다.

23. 양성가속도 영향이 아닌 것은?
① 기동성 상실   ② blackout
③ 체온 증가   ④ 피부 모세혈관 파열

해설 양성가속도의 영향
• 기동성 상실, 블랙아웃(blackout) 현상, 의식상실, 피부 모세혈관 파열
• 블랙아웃 : 술에 취해 기억이 끊기는 현상 혹은 기억상실

24. 양성가속도에 대한 내성 관련 요소가 아닌 것은?
① 체온 증가   ② 저혈당증
③ 위 팽창   ④ 기동성 상실

해설 양성가속도에 대한 내성 관련 요소 : 체온 증가, 저혈당증, 과호흡, 저산소증, 위 팽창

25. 서서히 양성가속도를 증가시켰을 때 먼저 나타나는 현상들은?
① grayout − 몸무게 증가 − blackout − 의식상실
② grayout − blackout − 몸무게 증가 − 의식상실
③ 몸무게 증가 − blackout − grayout − 의식상실
④ 몸무게 증가 − grayout − blackout − 의식상실

정답 22. ④ 23. ③ 24. ④ 25. ④

해설 양성가속도에 대한 보호
- 몸무게 증가 – 그레이아웃(grayout) – 블랙아웃(blackout) – 의식상실
- 그레이아웃: 빛과 색상이 흐리게 인식되어 일시적으로 주변 시력이 손실되는 일시적 시력상실
- 블랙아웃: 술에 취해 기억이 끊기는 현상과 같은 외부 요인에 의한 일종의 기억상실

26. 삼반규관(三半規管)의 기능이 아닌 것은?
① 각가속도 감지
② 각감속도 감지
③ 구심가속도만 감지
④ $2.5°/sec^2$

해설 삼반규관(三半規管)
- 인간의 귓속 내이(內耳)에 있는 반원 모양의 관으로, 반고리관 혹은 세반고리관이라고 부르기도 한다.
- 3개로 이루어져 있는 관 속에 림프가 차 있어 그 움직임으로 몸의 방향이나 평형을 느끼게 한다.
- 각가속도 감지, 각감속도 감지, 자극역치(stimulus threshold)가 높은 편이다.

27. 평소보다 활주로 폭이 넓은 활주로에 착륙을 시도하려 할 때는?
① undershoot할 수 있다.
② overshoot할 수 있다.
③ 활주로의 폭은 별로 문제가 되지 않는다.
④ 유도등이 설치되어 있기 때문에 조심할 사항이 아니다.

해설
- 활주로 미착(runway undershoot) : 착륙 중의 항공기가 착륙구역에 못 미처 착륙하는 경우
- 활주로 과착(runway overshoot) : 착륙 중의 항공기가 착륙구역을 지나쳐 착륙하는 경우

28. 같은 양의 가속하에 지속적인 등속원운동에 노출되면 어떤 느낌을 받는가?
① 상하수직운동
② 좌우선회운동
③ 수평후진운동
④ 수평직선운동

해설 선형 전이성 착각
운전 중 정지해 있을 때 옆 차가 서서히 전진하면 내 차가 서서히 뒤로 가는 듯한 느낌처럼 근접 편대비행 시 이러한 현상이 발생하기 쉽다. 또한, 같은 양의 가속하에 지속적인 등속원운동에 노출되면 수평직선운동으로 착각하는 경우도 선형 전이성 착각에 포함된다.

정답 26. ③   27. ②   28. ④

29. 비행착각 상황에서 이를 극복하는 방법 중 옳지 않은 것은?

① 머리를 가급적 head rest에 고정한다.

② 주변 참조물을 대조하기 위하여 가능한 한 시계비행한다.

③ 계기비행으로 들어간다.

④ 시계비행과 계기비행을 번갈아 반복하면서 회복한다.

해설 비행착각의 극복

- 수평·직선비행 시 머리를 가급적 헤드 레스트(head rest)에 고정한다.
- 계기로 돌아가서 크로스 체크한다.
- 항공기의 계기판을 보고 원하는 비행 자세가 되도록 조작한다.
- 고도계의 주의를 집중한다.
- 시계비행과 계기비행을 번갈아 반복하면서 비행해서는 안 된다.
- 심한 착각이 지속되면 도움을 요청해야 한다.
- 조종이 불능인 경우, 너무 하강하지 말고 비상탈출하는 것이 낫다.

30. 벡터가 지구 표면 반대쪽으로 회전하여 위아래가 역전되는 잘못된 감각을 가져오는 현상은?

① 역전위성 착각   ② 중력성 착각

③ 전향성 착각   ④ 안구회전성 착각

해설 역전위성 착각(inversion illusion) : 신체 중력성 착각의 한 형태로, 합성 중력·관성력 벡터가 지구 표면의 반대쪽으로 회전하여 위아래가 역전되는 잘못된 감각을 가져오는 현상

31. 정신작업 끝에 나타나는 급성피로에 대한 잘못된 설명은?

① 일시적 정신적 공백(mental blocks)의 상태가 바탕이 된다.

② 피로가 쌓임에 따라 이러한 공백은 더 자주 나타나고 길이도 길어진다.

③ 정신 공백의 증가는 주관적인 피로의 느낌과 비례한다.

④ 정신적 피로는 육체적 피로보다 회복이 어렵다.

해설 급성피로

- 일시적 정신적 공백(mental blocks)의 상태가 바탕이 된다.
- 피로가 쌓임에 따라 이러한 공백은 더 자주 나타나고 길이도 길어진다.
- 정신적 피로는 육체적 피로보다 회복이 어렵다.

정답 29. ④   30. ①   31. ③

32. 비행피로의 예방방법이 아닌 것은?

　　① 휴식과 근무시간의 적절한 안배

　　② 정당한 보수와 양질의 급식

　　③ 신체 적성, 체력 증가

　　④ 밤샘, 음주, 담배 등의 절제

해설 항공종사자의 비행피로 관리방법

　　• 비행 전후 수면과 휴식(최소한 8시간 이상의 중단 없는 수면)

　　• 주기적인 운동을 통한 피로 유발요인 제거 및 체력 증진

　　• 약물, 음주, 흡연, 식사 등에 주의

　　• 생활 패턴과 바이오리듬을 고려한 충분한 휴식과 근무시간 안배

33. 일중리듬 실조(신체장해)에 영향을 주는 중요한 요소는?

　　① 연령　　　　　② 비행 방향　　　　③ 질병　　　　④ 연령과 비행 방향

해설 연령은 신체적 피로와 밀접한 관계가 있으며, 일중리듬은 시차에 의한 신체 변화와 관계있다. 시차는 항공기의 비행 방향에 의해 결정된다. 따라서 일중리듬 실조에 영향을 주는 요소는 연령과 항공기의 비행 방향이라고 할 수 있다.

34. 운항승무원의 시차증을 예방·관리하는 대책으로서 타당한 조치는?

　　① 운항 및 지원 부서의 관련자 모두가 문제의 중요성을 인식한다.

　　② 숙박지에서는 피로를 예방하기 위해 되도록 실내에서 안정을 취한다.

　　③ 긴 야간비행 후 목적지에 도착하면 현지시간에 관계없이 바로 취침해야 한다.

　　④ 일중리듬의 골짜기에 맞추어 임무를 개시함이 좋다.

해설 항공종사자 중 운항승무원은 시차증에 노출되기 쉬운 근무환경이기에 그와 관련된 모든 사람들이 시차증에 대한 문제 인식이 필수적이다.

35. 운항승무원이 되고자 하는 강한 동기 부여(motivation)는?

　　① 운항승무원이 되기를 갈망함은 그 자체가 바로 의욕의 강함을 의미한다.

　　② 강한 의욕은 과긴장 상태를 초래하여 역효과를 낼 수도 있다.

　　③ 동기 부여와 훈련을 성공적으로 수료하는 가능성(훈련 수료율)과는 무관하다.

　　④ 동기 부여는 어려서부터 서서히 이루어진다.

해설 강한 동기 부여는 강한 의욕으로 발전하여 과긴장 상태가 되어 오히려 역효과를 낼 수도 있다.

정답 32. ②　33. ④　34. ①　35. ②

36. 운항승무원에게 요구되는 능력과 특성은?

    ① 강한 의욕   ② 경쟁심

    ③ 특출한 학습능력   ④ 정서 안정

해설 운항승무원은 특출한 학습능력이 요구된다.

37. 정보처리 과정 중 중앙처리 단계에서 방어적 오류란?

    ① 한 생각에 골몰하여 다른 주의를 못함.

    ② 긴장 상태가 지난 후 경계심 해이

    ③ 유리한 정보만 선택 또는 유리하게 해석

    ④ 다른 스위치를 잘못 조작

해설 정보처리 과정 중 중앙처리 단계는 입력된 정보와 기억의 조합을 통해 판단하고 의사를 결정하는 단계이다. 이 단계에서 방어적 오류의 대표적인 예시는 특정 정보에 대해 선택적으로 처리하는 것이라고 할 수 있다.

38. 과오를 그 형태에 따라서 분류한 항목에 해당되지 않는 것은?

    ① 중복   ② 탈락

    ③ 수행   ④ 대상

해설 과오의 분류

- 생략적 과오 : 필요한 작업 또는 절차를 생략
- 수행적 과오 : 필요한 작업 또는 절차의 불확실한 수행
- 시간적 과오 : 필요한 작업 또는 절차의 수행 지연
- 순서적 과오 : 필요한 작업 또는 절차의 순서 착오
- 불필요 과오 : 불필요한 작업 또는 절차의 수행

39. 운항승무원 과오의 분석 결과 가장 중요한 비율을 정하는 것은?

    ① 능력 부족(지식, 기량, 정신 불안정)

    ② 경험 부족(지식, 경험, 훈련)

    ③ 주의 부족

    ④ 경험 부족(지식, 경험, 훈련)과 주의 부족

해설 운항승무원의 과오 중 경험 부족이 가장 중요한 인자로 분석되고 있다.

정답 36. ③   37. ③   38. ①   39. ②

40. 작업 수행능력에 있어 인간이 기계보다 우월한 점은?
    ① 반응의 속도가 빠르다.
    ② 돌발적인 사태에 직면해서 임기응변의 대처를 할 수 있다.
    ③ 인간과 다른 기계에 대한 지속적인 감시기능이 뛰어나다.
    ④ 고장 검색을 신속히 할 수 있다.

    해설 업무 수행에 있어 기계와 비교하였을 때, 인간이 가지는 우월한 점은 상황에 따른 유연한 대처라고 할 수 있다.

41. 숙련 운항승무원에 의한 사고를 예방하기 위한 교육이 아닌 것은?
    ① 적절한 휴식
    ② 승무원 간의 책임 분담
    ③ 주요 계기의 모니터링과 교차 확인
    ④ 조작의 합리적인 우선순위의 결정

    해설 적절한 휴식은 항공종사자의 육체적 피로관리와 관계있으며, 숙련된 운항승무원의 경우 신체적 관리는 필수적으로 수행하고 있으므로 특별한 교육이 필요하지는 않다.

42. 구술언어 중 독백의 특성과 거리가 가장 먼 것은?
    ① 논점의 정리　　　　　　② 내용의 일관성
    ③ 문법규칙의 준수　　　　④ 암시

    해설 독백은 한 사람의 생각을 크게 소리 내는 것을 뜻하며, 대화와 반대의 의미이다. 따라서 독백은 일관된 내용으로 논점을 정리하여 문법에 맞게 조리 있게 말하는 의사 전달이라고 할 수 있다. 암시는 독백의 기능 중 하나이다.

43. 대인지각의 3대 기제에 해당되지 않는 것은?
    ① 동일시　　　② 반영　　　③ 부사　　　④ 고정관념화

    해설 대인지각은 사람에 대한 인식 활동이며, 3대 기제에는 동일시, 반영, 고정관념화가 있다.

44. 세계보건기구에서 규정한 건강의 개념은?
    ① 신체적·정신적·사회적 안녕 상태　　② 정신적·육체적 안녕 상태
    ③ 신체적·사회적 안녕 상태　　　　　④ 정신적·사회적 안녕 상태

정답 40. ②　41. ①　42. ④　43. ③　44. ①

해설 세계보건기구(WHO)에서 규정한 건강의 정의

건강(health)이란 '단순히 질병이나 장애가 없는 상태뿐만 아니라 신체적·정신적·사회적으로 양호(well-being)한 상태'를 말한다.

45. 질병의 발생 원인 중 삼원론에 해당되지 않는 것은?

① 병인 ② 인간 ③ 환경 ④ 사회

해설 클라크(F. G. Clark)의 삼원론(三元論)

건강은 병인(agent), 숙주(host: 사람의 신체로 볼 수 있다.), 환경(environment)의 상호작용(interaction)이 균형을 잘 유지해야 성립되며, 이러한 균형이 깨어졌을 때는 질병이 발생한다.

46. 1차적 예방에 속하는 것은?

① 건강 증진 ② 조기 발견 ③ 조기 치료 ④ 악화 방지

해설

구분	병원성 이전기		병원성기		
질병의 과정	병인-숙주 간 상호작용 환경(2)	병인 자극의 형성(1)	병인 자극에 대한 숙주의 반응(3) 조기의 병적 변화	질병(4)	회복(5)
예비적 조치	건강 증진	특수 예방	조기 발견, 치료	악화 방지	재활
예방 차원	1차적 예방		2차적 예방	3차적 예방	

47. 2차적 예방에 속하는 것은?

① 건강 증진 ② 특수 예방 ③ 조기 발견 ④ 악화 방지

해설 46번 해설 참고

48. 3차적 예방에 속하는 것은?

① 건강 증진 ② 특수 예방 ③ 조기 발견, 치료 ④ 악화 방지, 재활

해설 46번 해설 참고

49. 우리나라 암 사망 중 가장 빈도수가 많은 암 유형은?

① 뇌암 ② 폐암 ③ 위암 ④ 간암

해설 1999년까지는 사망 빈도가 가장 높은 암은 위암이었으나, 2000년대 들어 폐암의 사망 빈도가 가장 높은 것으로 나타났다.

정답 45. ④ 46. ① 47. ③ 48. ④ 49. ②

50. 항공종사자 신체검사 기준 중 1종에 해당되는 자격은?

① 자가용 조종사　　　　　　　② 항공교통관제사

③ 항공정비사　　　　　　　　　④ 운송용 조종사

해설 항공종사자 신체검사(제1종, 제2종, 제3종으로 구분)
- 제1종 : 운송용 조종사, 사업용 조종사(활공기 조종사는 제외), 부조종사의 자격증명을 소지한 사람이 해당된다.
- 제2종 : 항공기관사, 항공사, 자가용 조종사, 사업용 활공기 조종사, 조종연습생, 경량항공기 조종사 자격증명을 소지한 사람이 해당된다.
- 제3종 : 항공교통관제사, 항공교통관제 연습생 자격증명을 소지한 사람이 해당된다.
- 항공종사자의 신체검사 유효기간은 제1종의 경우 40세 미만은 12개월, 40세 이상은 6개월이며, 제2종과 제3종의 경우에는 40세를 기준으로 40세 이상의 경우는 40세 미만보다 유효기간이 절반으로 감소된다.
- 자세한 기간은 항공안전법 시행규칙 제92조 [별표8] 참조

51. 항공종사자 신체검사 기준 중 1종에 해당되지 않는 자격은?

① 운송용 조종사　　　　　　　② 사업용 조종사

③ 부조종사　　　　　　　　　　④ 항공교통관제사

해설 50번 해설 참고

52. 운송용 조종사의 신체검사 기준 중 40세 이상 50세 이상의 제1종 신체검사 유효기간은?

① 3개월　　　② 6개월　　　③ 9개월　　　④ 12개월

해설 50번 해설 참고

53. 항공종사자 신체검사기준 중 40세 이상 50세 미만의 제2종 신체검사 유효기간은?

① 6개월　　　② 12개월　　　③ 18개월　　　④ 24개월

해설 50번 해설 참고

54. 식생활에서 가장 이상적인 단백질 섭취량은?

① 10% 미만　　　② 30% 미만　　　③ 50% 미만　　　④ 80% 미만

해설 인간이 섭취하는 5대 영양소는 탄수화물·단백질·지방·비타민·무기물이다. 전문가들에 따르면 가장 이상적인 식단은 탄수화물 55~60%, 단백질 20~30%, 지방 15~20% 정도이다.

정답 50. ④　51. ④　52. ②　53. ④　54. ②

55. 식생활에서 가장 이상적인 지방질 섭취량은?

    ① 10% 미만   ② 20% 미만   ③ 50% 미만   ④ 80% 미만

해설 54번 해설 참고

56. 비만 여부를 나타내는 체질량지수(BMI)를 구하는 데 사용되는 값은?

    ① 신장, 체중   ② 신장, 허리둘레

    ③ 허리둘레, 피부 두께   ④ 피부 두께, 체중

해설 이상체중과 BMI 지수

- 이상체중 = (신장−100)×0.9
- BMI 지수 = 체중 ÷ $(신장)^2$ (여기서, 체중의 단위는 kg, 신장의 단위는 m)
- BMI 지수의 수치가 20 미만일 때를 저체중, 20~24일 때를 정상체중, 25~30일 때를 경도비만, 30 이상인 경우에는 비만으로 간주한다.

57. 비만증에 걸려 있는 사람은 정상체중인 사람에 비해 고혈압이 발생할 확률은?

    ① 2배   ② 3배   ③ 4배   ④ 5배 이상

해설 비만인 경우, 고혈압 발병 확률은 정상인에 비해 5배, 당뇨 발병 확률은 정상인에 비해 3배 높은 것으로 조사된 것과 같이 비만은 만병의 근원이다.

58. 알코올 섭취 시 혈중 알코올 농도가 개인마다 차이가 나는 이유가 아닌 것은?

    ① 신장   ② 체중   ③ 음주속도   ④ 성별

해설 혈중 알코올 농도는 성별·체중·음주량·음주속도에 따라 조금씩 차이는 있지만, 알코올이 인체에 미치는 영향은 누구라도 피해 갈 수 없다.

59. 스트레스를 쉽게 받는 A형의 성격 특성 중 거리가 가장 먼 것은?

    ① 급한 성격   ② 경쟁적 노력

    ③ 화낼 대상이 많다   ④ 적당한 업무 추진

해설 적당한 업무 추진과정은 스트레스에 노출될 확률이 낮다.

정답 55. ② 56. ① 57. ④ 58. ① 59. ④

60. 스트레스의 생리적 반응 중 첫 단계인 경고 반응 시에 나타나지 않는 증세는?

① 두통·궤양
② 신진대사율 항진
③ 심장박동률 증가
④ 혈당치 상승

해설 스트레스의 3단계(경고-저항-소진)
- 경고단계에서의 증상 : 심장 박동의 증가, 혈압 상승, 근육 긴장, 땀 분비 증가, 신진대사율 항진, 혈당 증가
- 저항단계에서의 증상 : 위궤양·고혈압·불면증
- 소진단계에서의 증상 : 스트레스 원인에 대항할 수 있는 여러 가지 시도가 실패하여 대처에 사용할 수 있는 모든 자원이 고갈된 상태로, 탈진 현상 발현

61. 스트레스 대처를 위한 조직관리 방안 중 거리가 가장 먼 것은?

① 정기적인 신체검사
② 긴장 이완훈련
③ 자기인식 증대
④ 직무평가 도입

해설 스트레스 관리를 위한 방법에는 개인적인 관리방안과 조직적인 관리방안이 있는데, 조직단계에서 관리할 수 있는 방안과 개인 수준에서 관리할 수 있는 방안이 명백히 분리되어 있다. 자기 인식 증대는 개인적인 관리방안에 속한다.

62. SHEL 모델에서 소프트웨어(software) 분야에 포함되지 않는 것은?

① ATC system
② landing gear system
③ 비행 절차
④ 점검표

해설 항공기 정비작업에서 SHELL 모델 적용 시의 요소별 예시
- 소프트웨어(S, Software) : 작업 매뉴얼과 같은 지침서, 작업도면, 작업지시서, 작업규칙, 관계 법령 (항공법규)
- 하드웨어(H, Hardware) : 항공기 기체, 각종 공구, 정밀측정공구 등
- 환경(E, Environment) : 작업장의 상황, 조명, 소음, 날씨, 정신적인 스트레스 등
- 사람(L, Liveware)
  - 중심의 L : 당사자
  - 주변의 L : 당사자 이외의 사람(상사, 동료, 후임, 그 외 관계되는 사람들)

정답 60. ① 61. ③ 62. ②

63. 표준조작절차(SOP) 수립의 목적에 해당되지 않는 것은?

① 안정성 확보를 위한 절차

② 경험이나 기술이 부족한 운영자를 위한 절차

③ 조작의 내용과 순서를 통일하기 위한 절차

④ 경제적인 운항을 위한 절차

해설 표준조작절차(SOP) 수립의 목적
- 안정성 확보
- 조작의 내용과 순서를 통일
- 경제적인 운항

64. 항공기 사고의 원인 가운데 가장 많은 비중을 차지하고 있는 요인은 무엇인가?

① 운항승무원의 표준조작절차 위반

② 운항승무원의 부적절한 조치

③ 운항승무원의 무능력

④ 운항승무원의 부적절한 교차 점검

해설 인적요인과 관련된 항공기 사고 원인 중 가장 많은 비중을 차지하는 것은 운항승무원의 '표준조작절차 위반'으로 분석되고 있다.

65. 조종석 운영의 3P 이론에 포함되지 않는 내용은?

① 원리   ② 방침   ③ 절차   ④ 실행

해설 조종실 운영의 3P 이론
- 원리(Philosophy), 방침(Policy), 절차(Procedure)
- 조종실 운영의 3P 이론은 조직철학(Organiztional philosophy), 즉 조직의 원리(Philosophy)를 기반으로 하는 방침(Policy)과 절차(Procedure)이다.

66. 절차개발지침에 해당되지 않는 것은?

① 절차 운영 결과에 대한 환류가 관리자나 개발을 하는 사람에게 전달

② 관리자는 기본적으로 자동화에 대한 원리를 개발

③ 절차를 개발할 때 현재 사용 중인 절차나 방침을 신기술에 비추어 재평가

④ 환류체계에서 승무원 평가 프로그램은 제외시켜야 한다.

정답 63. ② 64. ① 65. ④ 66. ④

해설 절차개발지침
- 절차 운영 결과에 대한 환류가 관리자나 개발을 하는 사람에게 전달
- 관리자는 기본적으로 자동화에 대한 원리를 개발
- 절차를 개발할 때, 현재 사용 중인 절차나 방침을 신기술에 비추어 재평가

67. 절차개발지침이 잘못된 것은?

① 절차는 장비의 사용 목적에 적합하도록 신중히 만들어져야 한다.

② 절차에는 외부와의 의사소통도 반드시 포함하여야 한다.

③ 절차는 완전히 예상할 수 있는 결과를 도출해야 한다.

④ Callout은 다른 사람의 주위를 분산시킬 수 있어야 한다.

해설 절차개발지침
- 절차는 장비의 사용 목적에 적합하도록 신중히 만들어져야 한다.
- 절차에는 외부와의 의사소통도 반드시 포함하여야 한다.
- 절차는 완전히 예상할 수 있는 결과를 도출해야 한다.

68. 절차의 변경 사유에 해당되지 않는 것은?

① 새로운 장비의 사용

② 새로운 규칙의 제정

③ 새로운 경영관리

④ 새로운 인원 고용

해설 절차 변경은 갑작스러운 장비의 변화, 법적·제도적 규정 및 규칙의 변화, 경영관리 방식의 변화, 위험 발생 등의 사유로 시행될 수 있다.

69. 절차의 변경 사유에 해당되지 않는 것은?

① 인위적인 위험의 발생(테러리즘)

② 자연적 위험의 발생(화산 폭발)

③ 권고되는 운항방식의 변화

④ 경영자의 변화

해설 68번 해설 참고

정답 67. ④ 68. ④ 69. ④

70. 점검표 사용의 목적이 아닌 것은?

    ① 운항승무원에게 조작 절차를 환기시킨다.

    ② 계기를 점검하는 적절한 순서를 제공한다.

    ③ 승무원 간 상호 확인·감독이 가능하도록 한다.

    ④ 승무원의 항공기 운항 평가를 위한 도구는 아니다.

해설 점검표 사용의 목적
- 운항승무원에게 조작 절차를 환기시킨다.
- 계기를 점검하는 적절한 순서를 제공한다.
- 승무원 간 상호 확인·감독이 가능하도록 한다.

71. 점검표에서 수행 완료하였음을 나타내는 가장 적절한 방법은?

    ① 실제 상태 혹은 수치로 표시   ② set

    ③ check   ④ completed

해설 점검표 사용의 목적은 항공종사자에게 절차를 정확하게 확인하고 이해할 수 있도록 하는 것이기 때문에 수행 완료 시 정확한 상태 및 수치로 상호 간에 확실히 알 수 있도록 표시하는 것이 바람직하다.

72. 다음 중 자동화의 필요성이 아닌 것은?

    ① 안전성 확보   ② 기술의 발달

    ③ 정보의 정확성 제고   ④ 경제성 추구

해설 자동화의 필요성 : 기술의 발달에 따른 안전성 확보 및 생산성·경제성 증대 등이 주요 목적이다.

73. 자동화의 문제점에 해당되지 않는 것은?

    ① 상황 인지의 실패

    ② 운항승무원 권한의 강화

    ③ 자동화에 따른 압박감

    ④ 잘못된 상황 인식

해설 자동화의 문제점
- 상황 인지의 실패
- 자동화에 따른 압박감

정답 70. ④ 71. ① 72. ③ 73. ②

74. 다기종 운영의 표준화를 위해 요구되는 사항이 아닌 것은?

① 다기종 운영의 원리 제정

② 다기종 운영의 표준화 포럼 개설

③ 다기종 운영 절차에 대한 개인적인 의견의 수렴

④ 다기종 운영에 따른 편제의 다원화

[해설] 다기종 운영의 표준화

- 다기종 운영의 원리 제정
- 다기종 운영의 표준화 포럼 개설
- 다기종 운영 절차에 대한 개인적인 의견의 수렴

75. 절차를 제정함으로써 명확하게 규정되지 않는 것은?

① 임무의 결과

② 임무 수행자

③ 임무의 수행방법

④ 임무의 환류 형태

[해설] 절차개발지침

- 절차 운영 결과에 대한 피드백을 관리자나 개발자에게 전달
- 관리자는 기본적으로 자동화에 대한 원리를 개발
- 절차를 개발할 때, 현재 사용 중인 절차나 방침을 신기술에 비추어 재평가

※ 따라서 절차를 제정함에 있어서 작업을 수행하는 수행자, 작업의 수행방법, 작업 후 피드백이 명확하게 규정된다.

76. 직무와 인간관계에 대한 개인의 생각이나 자세는?

① 상황에 따라 달라지므로 항상 변한다.

② 다른 사람에게 반사적 행동을 하지 않는다.

③ 지금까지 받아온 교육의 질에 따라 좌우된다.

④ 바꿀 수 있고 다른 것과 대체될 수도 있다.

[해설] 직무 수행에 있어 기계와 비교하였을 때, 인간이 가지는 우월한 점은 상황에 따른 유연한 대처라고 할 수 있다. 따라서 직무 수행과 인간관계에 있어서는 상황에 따른 유연한 대처가 필수적이다.

[정답] 74. ④ 75. ① 76. ①

77. 조종사의 leadership 능력의 향상요소 중 논평(critique)이란?

　① 효율성의 질을 평가하기 위해 주어진 상황을 검토해 보는 것이다.

　② 서로의 경험을 주고받는 것이다.

　③ 문제점을 연구하고 해결하는 것이다.

　④ 타인의 결점에 대하여 주의를 환기하는 것이다.

해설 논평(critique): 효율성의 질을 평가하기 위해 주어진 상황을 검토해 보는 것

78. Managerial Grid상 9.9형의 사람이 갈등에 처하면 어떻게 대처하나?

　① 쌍방의 오해의 실마리를 찾는다.

　② 각자 역할이 잘 정립되어 있으면 갈등은 없다고 생각한다.

　③ 자기의 고정관념을 버리고 해결을 위하여 노력한다.

　④ 자기 신념보다는 타인의 의견을 지지한다.

해설 Managerial Grid란 경영학의 조직관리 이론 중 블레이크(Blake)와 무톤(Mouton)의 관리망 이론을 참조한다.
- 태만형(impoverished management, 1.1형): 지도자가 조직에 계속 고용될 수 있을 정도의 최소한으로 요구되는 과업만을 수행한다.
- 사교형(country club management, 1.9형): 지도자는 생산성이 저하되는 일이 있어도 동료 간에, 부하 직원 간에 호감을 유지하는 데 관심을 쏟는다.
- 중도형(organization-man management, 5.5형): 지도자는 현상에 순응하고 중도를 유지하거나 그럭저럭 잘해 나가는 데 집중한다.
- 권위형(authority-obedience, 9.1형): 지도자는 권력·권위·통제를 통하여 생산을 극대화하는 데 관심을 쏟는다. 극단적인 의사소통방법이라 할 수 있다.
- 팀형(team management, 9.9형): 지도자는 집단 구성원의 광범위한 참여를 통하여 질적으로나, 양적으로나 모든 부분에서 개선을 꾀하고 문제를 해결하기 위한 목표 중심적 접근방법을 활용한다.
- 이와 같이 블레이크와 무톤의 관리망 이론은 리더십 이론에 근간을 두고 있는데, 이는 항공기 조종실에서 운항승무원 간의 의사소통 이론에도 접목할 수 있다.

79. 문제의식(inquiry)에 대하여 가장 올바르게 표현한 것은?

　① 다른 사람의 행동·생각·제안에 일단 의심을 가진다.

　② 각자의 생각이나 행동이 옳은 것인가 확인하고 유효한 것인가를 조사해 본다.

　③ 자신의 생각과 행동을 조사해 보는 과정이다.

　④ 기량이 뛰어나고 SOP대로 한다면 문제의식은 필요하지 않는다.

해설 문제의식(inquiry): 개인의 생각이나 행동이 옳은 것인지의 여부를 확인하고, 그 생각이나 행동이 유효한 것인지 조사해 보는 것을 말한다.

정답 77. ①　78. ③　79. ②

80. 9.1형의 Crew가 자기 의사를 표시할 때는?

① 타인의 입장을 주의 깊게 재검토하도록 강요하는 방향으로 한다.

② 자기 입장을 지지하는 데 객관적 자료에 의존한다.

③ 흑백논리로 입장을 관철한다.

④ 자기주장을 승화시켜 타인의 신뢰감을 얻는다.

해설 78번 해설 참고

81. 5.5형의 crew가 의사를 소통할 때는?

① 개인적으로 관심 있는 의사를 소통한다.

② 타인의 참여를 위하여 적절한 문제를 제시한다.

③ 항상 분명하게 토의에 임한다.

④ 관련된 문제는 논의하지만 깊이 있고 상세한 이야기는 하지 않는다.

해설 78번 해설 참고

82. group 간의 관계가 일단 교착 상태에 빠지면?

① 타협하여 질이 낮더라도 해결해야 한다.

② 평화공존식으로 해결하면 스스로 협조관계가 구축된다.

③ '무엇이 옳은가'에 초점을 맞추어 해결하면 건설적인 관계가 구축된다.

④ '우리가 옳다'고 주장하여 반드시 이겨야 한다.

해설 그룹(group) 간의 갈등은 자신이 속해 있는 조직에 대한 충성심으로 인해 주관이 강화되어 발생하는 것이 대부분이다. 이러한 갈등으로 인해 교착 상태에 빠지게 되면 managerial grid의 9.9형과 같이 문제 해결 능력에 초점을 맞추어 쌍방이 서로 건설적인 관계가 될 수 있도록 하는 것이 바람직하다.

83. group 간 갈등이 심화되는 이유는?

① 자기가 속한 group에 충성심이 있기 때문이다.

② group 중심의 주관이 더 강해지기 때문이다.

③ 배반자와 영웅관계가 있기 때문이다.

④ 이상 전부이다.

해설 82번 해설 참고

정답 80. ③ 81. ④ 82. ③ 83. ④

84. 사람은 보통 몇 도에서 불쾌감을 느끼는가?

  ① 15.6℃ 이하 또는 29.4℃ 이상

  ② 16.6℃ 이하 또는 28.4℃ 이상

  ③ 17.6℃ 이하 또는 27.4℃ 이상

  ④ 18.6℃ 이하 또는 26.4℃ 이상

해설 온도에 따른 불쾌지수: 사람은 15.6℃ 이하 또는 29.4℃ 이상에서 불쾌감을 느끼게 된다.

85. 항공기 승무원은 승객의 몇 배의 물이 필요한가?

  ① 4배   ② 8배   ③ 12배   ④ 16배

해설 항공기 기내 시간당 필요 수분량
  • 승객: 시간당 0.11리터
  • 승무원: 시간당 0.44리터

86. 상대습도가 어느 정도 될 때가 인체에 가장 나쁜가?

  ① 30% 이하 또는 70% 이상

  ② 30% 이하 또는 80% 이상

  ③ 40% 이하 또는 60% 이상

  ④ 50% 이하 또는 70% 이상

해설 상대습도는 특정한 온도의 대기 중에 포함되어 있는 수증기의 압력을 그 온도의 포화 수증기 압력으로 나눈 것을 말한다. 다시 말해, 특정한 온도의 대기 중에 포함되어 있는 수증기의 양(중량 절대습도)을 그 온도의 포화 수증기량(중량 절대습도)으로 나눈 것이다. 같은 양의 수증기는 따뜻한 공기보다 차가운 공기의 상대습도에 더 많은 영향을 준다. 따라서 비행 중인 항공기의 전자장비에 악영향을 줄 수 있다. 인체에 있어서 상대습도는 40~60% 정도의 수치에서 가장 이상적이며, 30% 이하 또는 80% 이상의 상대습도 수치는 인체에 해로울 수 있다.

87. 항공기의 전자장비에 가장 나쁜 영향을 주는 것은?

  ① 온도   ② 기압   ③ 소음   ④ 상대습도

해설 86번 해설 참고

정답 84. ① 85. ① 86. ② 87. ④

88. 항공기가 보통 40,000ft 상공을 비행할 경우 객실 내의 고도는?

① $3,000 \sim 4,500 \, \text{ft}$

② $4,000 \sim 4,500 \, \text{ft}$

③ $5,000 \sim 8,000 \, \text{ft}$

④ $8,500 \sim 9,500 \, \text{ft}$

> **해설** 항공기가 보통 40,000 ft 상공을 비행할 경우, 객실 내의 고도는 대략 5,000~8,000 ft 정도의 수치라고 볼 수 있다. 비행 중인 항공기에서는 객실 고도를 기본적으로 8,000 ft로 유지하고 있다.

89. BAE 125 항공기 소음(noise)을 감소시킨 것은?

① TCAS

② Wind shield

③ EPMS

④ GPWS

> **해설** • TCAS(Traffic Collision Avoidance System) : 공중충돌방지 시스템
> • Wind shield : 항공기 조종실의 전면 창으로, 소음의 노출을 방지해 주기도 한다.
> • EPMS(Electrical Power Monitoring Systems) : 항공기 전원감지 시스템
> • GPWS(Ground Proximity Warning System) : 대지근접경보 시스템

90. 장거리 항공기 여행으로 인한 시차별 증후에 해당되지 않는 것은?

① 불면증

② 피로감

③ 소화불량

④ 동맥경화

> **해설** 항공기 장거리 여행 시 시차 변화로 인한 대표적인 증상 : 불면증·피로감·소화불량 등

91. 시차(time zone lag)가 인체에 미치는 영향은 어느 때 가장 심한가?

① 북쪽에서 남쪽(south bound)으로 비행 중

② 동쪽에서 서쪽(west bound)으로 비행 중

③ 서쪽에서 동쪽(east bound)으로 비행 중

④ 남쪽에서 북쪽(north bound)으로 비행 중

> **해설** 시차(time zone lag)
> • 시차는 항공기의 비행 방향에 의해 결정된다.
> • 인체는 동쪽에서 서쪽(west bound)으로 비행할 때, 시차에 의한 영향을 가장 많이 받는다.

정답 88. ③ 89. ② 90. ④ 91. ②

92. 전자파(electromagnetic wave) 중에서 인체조직의 온도를 상승시키는 것은 어느 것인가?

① ELF   ② VLF   ③ microwave   ④ VHF

해설 마이크로파(microwave)는 라디오파와 적외선 사이의 파장과 주파수를 가지고 있는 전자기파로서 보통 파장이 1 mm와 10 cm 사이라고 볼 수 있다. 이 파장에서 물분자가 진동함으로써 발열하게 되는데, 인체의 조직은 수분을 다량 함유하고 있기에 인체 조직의 온도 상승을 야기할 수도 있다.

93. 문화적 환경의 목적이라고 볼 수 없는 것은?

① 문화 정의와 가치의 근원   ② 문화적 차원

③ 팀워크와 조정   ④ 문화적 가치관

해설 문화적 환경의 목적
- 문화 정의와 가치의 근원
- 문화적 차원과 팀워크, 의사소통, 정보처리, 스트레스
- 팀워크와 조정을 강화하여 보다 효율적인 임무 수행

94. 승무원의 세계적인 문화적 환경 차원의 종류가 아닌 것은?

① 권력거리   ② 불확실성 회피   ③ 개인주의   ④ 협력주의

해설 문화적 환경의 종류 : 권력거리, 불확실성 회피, 개인주의, 남자다움(masculinity)

95. SHEL 모델에서 software의 의미가 아닌 것은?

① 항공교통관제 규정
② 항공교통관제 기계적 부문
③ 항공교통관제 표준절차
④ 항공교통관제 표준기호

해설 SHEL 모델에서 software의 의미 : ATC 분야의 각종 규정·절차나 기호 또는 부호

96. 항공교통관리(ATM)의 새로운 기법이 아닌 것은?

① 새로운 data link와 새로운 위성통신방법 소개
② 레이더와 정보처리 성능 개선
③ 충돌방지시스템 개발과 운용 등
④ 항공교통관제업무 절충

정답 92. ③   93. ④   94. ④   95. ②   96. ④

해설 항공교통관리(ATM)의 새로운 기법
- 새로운 데이터 링크(data link)와 새로운 위성통신방법 소개
- 레이더와 정보처리 성능 개선
- 충돌방지시스템 개발과 운용 등

97. 관제사 피로에 관한 설명이 틀린 것은?

① 관제사는 피로에 익숙해 있어야 한다.

② 최대 연속 관제시간은 2시간을 권하고 있다.

③ 근무시간 중 식사시간을 주어야 한다.

④ 관제업무도 연령에 알맞게 직무 설계되어야 한다.

해설 관제사의 피로
- 관제사는 피로하게 되면 판단 의식이 흐려진다.
- 2시간 근무 후 휴식시간은 20~30분 정도 필요하다.
- 근무시간 중 식사시간을 주어야 한다.
- 관제업무도 연령에 알맞게 직무 설계되어야 한다.

98. 관제실 내부의 적정 온도는 얼마가 가장 적합한가?

① 18~20℃

② 21~25℃

③ 25~27℃

④ 28~31℃

해설 관제실 내부의 적정 온도: 21~25℃로 조절

99. 관제실 환경에 대한 설명 중 틀린 것은?

① 장비나 가구의 색상은 검은색이 제일 좋다.

② 관제탑은 주간에 자연채광으로 조명한다.

③ 실내 습도는 50%나 그보다 약간 높게 한다.

④ 통풍장치나 장비 운용에 따른 소음은 최대한 줄인다.

해설 관제실 환경
- 장비나 가구의 색상은 베이지색, 연한 갈색 또는 약간 흰색이 좋다.
- 관제탑은 주간에 자연채광으로 조명한다.
- 실내 습도는 50%나 그보다 약간 높게 한다.
- 통풍장치나 장비 운용에 따른 소음은 최대한 줄인다.

정답 97. ① 98. ② 99. ①

100. 관제사의 시각적 한계에 관한 설명 중 틀린 것은 어느 것인가?

    ① 동적 정보와 배경 정보의 밝기 비율은 8:1이 좋다.

    ② 농도가 짙은 파란색(blue)은 구별이 쉽다.

    ③ 색상은 항공신체검사 제3종 기준이면 가능하다.

    ④ 관제부호의 세로 크기는 3 mm 이상이 좋다.

해설 관제사의 시각적 한계

- 동적 정보와 배경 정보의 밝기 비율은 8:1이 적합하다.
- 농도가 짙은 파란색(blue)은 채색론적 변이의 문제가 생긴다.
- 색상은 항공신체검사 제3종 기준으로 가능해야 한다.
- 관제부호의 세로 크기는 3 mm 이상이 좋다.

101. 관제사의 인적 한계에 관한 설명 중 틀린 것은 어느 것인가?

    ① 레이더 관제실의 실내 조명은 균일해야 한다.

    ② 관제실 소음 기준은 85 dB 정도가 적당하다.

    ③ 관제정보 display 시계는 차단되지 않아야 한다.

    ④ 관제실 공기의 환류속도는 분당 10 m가 적정하다.

해설 관제사의 인적 한계

- 레이더 관제실의 실내 조명은 균일해야 한다.
- 관제실 소음 기준은 55 dB(ICAO, 1993) 이하 수준이 유지되도록 한다.
- 관제정보 디스플레이(display) 시계는 차단되지 않아야 한다.
- 관제실 공기의 환류속도는 분당 10 m가 적정하다.

102. 관제통신에서의 실수를 방지하기 위한 설명 중 틀린 것은 어느 것인가?

    ① 항공기로부터의 모든 정보를 이해하여야 한다.

    ② 항공기 호출부호는 서로 매우 다르게 부여한다.

    ③ 운항승무원이 말할 것으로 예상되는 것만을 듣는 연습을 한다.

    ④ ICAO 알파벳 발음법을 준수한다.

해설 관제통신에서의 실수 방지대책

- 항공기로부터의 모든 정보를 이해하여야 한다.
- 운항승무원이 말할 것으로 예상되는 것만을 듣는 연습을 한다.
- ICAO 알파벳 발음법을 준수한다.

정답 100. ② 101. ② 102. ②

103. 영어가 모국어가 아닌 자가 관제통신 시 취할 태도는 어느 것인가?

① 보통의 대화 속도로 발음한다.

② 명확하고 천천히 발음한다.

③ 방언이나 억양을 심하게 써도 좋다.

④ 정보가 확실치 않아도 바쁘면 재확인을 생략한다.

해설 관제통신 시 공용어인 영어를 사용하지만 원어민이 아닌 경우가 많기 때문에 가급적이면 대화 속도보다 천천히 말하고, 명확하게 발음하여야 하며, 방언이나 억양 사용을 줄이고, 확실치 않은 경우에는 재확인을 하여 의사소통에 문제가 없도록 해야 한다.

104. 관제업무 자동화의 목표가 아닌 것은 어느 것인가?

① 효율성 확보 및 과실 예방

② 안전성 개선 및 신뢰성 증진

③ 시스템 고장 시 관제사 업무량 증대

④ 의사결정 및 미래 예측에 도움

해설 관제업무 자동화의 목표

• 효율성 확보 및 과실 예방

• 안전성 개선 및 신뢰성 증진

• 의사결정 및 미래 예측에 도움

105. 관제사 응시 항목이 아닌 것은?

① 환경 개념   ② 언어구사력

③ 수리력   ④ 적성 부분

해설 관제사 선발 시 평가 항목 : 응시자의 일반적 지능, 공간 개념, 추리력, 수리력, 업무 친숙도, 언어구사력, 손재주, 인성, 적성 부분

106. 관제업무 공간이 잘못된 곳은?

① 방음장치는 크게 문제가 되지 않는다.

② 화장실·휴게실·매점 등의 편의시설을 갖춘다.

③ 불빛·반사광·차폐시설이 없도록 한다.

④ 관제사의 주의력을 산만하게 하도록 장비를 배치하지 않는다.

정답 103. ②   104. ③   105. ①   106. ①

- 방음장치 시설을 갖춘다.
- 화장실 · 휴게실 · 매점 등의 편의시설을 갖춘다.
- 불빛 · 반사광 · 차폐시설이 없도록 한다.
- 관제사의 주의력을 산만하게 하도록 장비를 배치하지 않는다.

107. 다음 중 PEAR 모델의 요소가 아닌 것은?

① Person   ② Environment

③ Action   ④ Rule

해설 PEAR 모델
- P(People) : 작업을 수행하는 작업자
- E(Enviromnent) : 작업환경
- A(Actions) : 작업자의 행동
- R(Resources) : 작업에 필요한 자원

108. SHELL model의 'S'는 PEAR model의 무엇과 유사한 개념인가?

① P   ② E   ③ A   ④ R

해설 SHEL 모델에서 'S'는 Software를 의미하며, 작업 매뉴얼과 같은 지침서, 작업도면, 작업지시서, 작업규칙, 관계된 법령, 각종 규정 및 절차, 기호 또는 부호 등이 해당된다. 이는 PEAR 모델에서 작업에 필요한 자원을 의미하는 'R(Resources)'의 개념에 해당한다.

109. 정비오류 중 가장 빈번한 오류는?

① 부정확한 장착   ② 마무리 실수

③ 배선의 불일치   ④ 보급 실수

해설 항공기 정비오류 중 가장 빈번하게 발생하는 오류는 부정확한 장착이다. 이러한 정비오류를 줄이기 위해 항공기 제작사인 Boeing사와 미연방항공국(FAA: Federal Aviation Administration)은 공동으로 항공기 정비오류판별기법(MEDA: Maintenance Error Decision Aid)을 개발하였다.

110. 인적오류를 감소하려면 규정된 매뉴얼의 무엇에 따라 작업을 수행해야 하는가?

① 임의   ② 절차   ③ 경험   ④ Callback

해설 항공정비사는 인적오류를 줄이기 위해 규정된 매뉴얼의 절차에 따라 작업을 수행하여야 한다.

정답 107. ④ 108. ④ 109. ① 110. ②

111. PEAR 모델에 대한 설명으로 옳지 않은 것은?

  ① PEAR 모델은 정비분야에서 태동했다.

  ② 환경은 물리적 환경과 조직적 환경으로 분류한다.

  ③ 독립적으로 구분할 수 없는 요소는 Person이다.

  ④ 작업카드에 작업자의 숙련성을 고려하여 작업 분류를 한 것은 PEAR model의 Action이다.

해설 PEAR 모델

- PEAR 모델은 항공기 정비부문에 특화시켜서 정비인적요인들을 기억하기 쉽게 마이클 매독스(Dr. Michael Maddox)와 빌 존슨(Dr. Bill Johnson)에 의해 개발된 모델이다.
- 환경(Environment)은 물리적 환경과 조직적 환경으로 분류한다.
- 자원(Resources)은 나머지 PEA와 독립적으로 분리하기 어려우며, 일반적으로 작업자(People), 환경(Environment), 행동(Action)이 자원을 결정한다.
- 행동(Action)은 작업을 완수하기 위하여 행해지는 모든 작업자의 행동을 세밀하게 분석, 숙련 정도를 고려하여 작업을 분류한다.

112. 인적오류 중 교정하기 가장 쉬운 오류는?

  ① 지속되는 오류   ② 역오류   ③ 변화하는 오류   ④ 새롭게 유발되는 오류

해설 인적오류 중 지속되는 오류는 교정하기 쉽다.

113. 엔진 카울을 교체하려는 작업을 잊어버렸을 때 오류의 형태는?

  ① Mistake   ② Lapse   ③ Slip   ④ Violation

해설 오류의 형태

- Slip(행위 실수, 부주의)의 예
  - 컴퓨터 키보드 작업 중 오타가 발생한 경우
  - 체크시트(check sheet)의 한 항목을 건너뛰고 다음 항목으로 넘어간 경우
- Lapse(기억의 오인, 깜빡 잊어버림)의 예
  - 계획한 내용을 잊어버린 경우
  - 작업이 완료되지 않았음에도 종료되었다고 생각한 경우
- Mistake(판단 및 계획의 실수)의 예
  - 행위가 정확한 것이라고 맹신하는 경우
  - 잘못된 지침서를 따라 작업한 경우
- Violation(위반)의 예
  - 부득이하게 검증되지 않은 공구를 사용한 경우
  - 안전하다고 생각하고 보호장구를 착용하지 않고 작업한 경우
  - 자신이 임의대로 작업을 수행한 경우

정답 111. ③   112. ①   113. ②

114. 복잡한 업무를 수행 중, 정비사가 압박으로 인해 자신의 임의 절차로 업무를 수행하였을 때 해당되는 오류의 유형은 무엇인가?

① 실수　　　　　② 관습　　　　　③ 위반　　　　　④ 부주의

해설 113번 해설 참고

115. 경험이 있는 항공정비사에 의한 육안점검은?

① 지식과 규칙에 근거한 행위

② 숙련과 지식에 근거한 행위

③ 숙련과 규칙에 근거한 행위

④ 경험과 숙련에 근거한 행위

해설 항공정비사의 육안점검은 항상 지식과 규칙에 근거하여 수행되어야 한다.

116. 고장 탐구는 어디에 근거하여 수행해야 하는가?

① 규칙에 근거　　　　　　　　② 숙련에 근거

③ 지식에 근거　　　　　　　　④ 경험에 근거

해설 고장탐구는 항상 규칙에 근거하여 수행되어야 한다.

117. 위반(violation)을 올바르게 정의한 것은 어떤 것인가?

① 의도가 없는 오류

② 규칙에서 고의로 벗어나려고 하는 행위

③ 파괴하려는 의도된 행위

④ 기억의 오류에 의한 부주의

해설 위반(violation)의 정의
- 일반적 의미에서의 위반 : 법적으로 위법성이 강한 태만(negligence), 고의 및 방해(sabotage) 등 반사회적 행위
- 인적오류에서의 위반 : 위법적·반사회적 행위를 포함시키기에는 무리가 따르지만, 규칙에서 고의로 벗어나려고 하는 행위

정답 114. ③　115. ①　116. ①　117. ②

118. 실수(mistake)를 올바르게 정의한 것은 어떤 것인가?

　　① 규칙에서 고의로 벗어나려는 행위

　　② 파괴하려는 의도된 행위

　　③ 의도되지 않은 오류

　　④ 기억의 오류에 의한 부주의

해설 실수 중 미스테이크(mistake)는 판단 및 계획에 대한 실수로서 의도하지 않았으나 결과적으로 인적오류를 유발한 상태를 의미한다.

119. 실수와 위반의 차이점을 정확하게 설명한 것은 어떤 것인가?

　　① 위반은 실수보다 덜 심각하다.

　　② 위반은 고의성이 없다.

　　③ 실수는 의도된 것이 아니고 위반은 고의성이 있다.

　　④ 실수는 단순한 것이기에 크게 문제되지 않는다.

해설 실수와 위반의 가장 큰 차이점은 고의성이다.

120. 유경험 항공정비사가 일상적인 부품 교환 중 잘못된 실(seal)을 장착했다면 어떤 근거에서 유발된 실수인가?

　　① 숙련에 근거　　　　　　　　② 규칙에 근거

　　③ 지식에 근거　　　　　　　　④ 경험에 근거

해설 잘못된 실(seal)을 장착했다면 규칙에 근거하지 않고 작업을 수행하였음을 알 수 있다.

121. 날개 위에서 작업 중 스패너를 엔진 카울로 떨어뜨려서 센서가 손상되었다면 어떤 근거에서 유발된 실수인가?

　　① 지식에 근거한 실수

　　② 숙련에 근거한 실수

　　③ 규칙에 근거한 실수

　　④ 규정에 근거한 실수

해설 작업 중 실수로 공구를 떨어뜨렸다면 작업의 숙련도가 부족한 '숙련에 근거한 실수'라고 할 수 있다.

정답 118. ③　119. ③　120. ②　121. ②

122. 유경험이 있는 정비사가 밸브작업 중 필요한 실(seal) 장착을 잘못했다면 어떤 근거에서 유발된 오류인가?

① 지식에 근거한 오류   ② 규칙에 근거한 오류

③ 숙련에 근거한 오류   ④ 경험에 근거한 오류

해설 필요한 실(seal)을 장착하지 못했다면 규칙에 근거하지 않고 작업을 수행하였음을 알 수 있다.

123. 오류와 위반의 차이점을 올바르게 표현한 것은 어떤 것인가?

① 위반은 고의성이 있고, 오류는 그렇지 않다.

② 오류는 고의성이 있고, 위반은 그렇지 않다.

③ 위반과 오류는 모두 의도적인 행동이다.

④ 위반과 오류는 모두 의도되지 않은 행동이다.

해설 실수(오류)와 위반의 가장 큰 차이점은 고의성이다.

124. 잠재된 결함을 올바르게 표현한 것은 어떤 것인가?

① 이미 발생한 실수지만, 사고로 이어지지 않은 실수

② 정비와 상관없는 관리자로부터 받은 잘못된 지시

③ 예견되지 않은 결함

④ 결함이 발생할 것으로 예측되는 실수

해설 잠재된 결함이란 실수는 하였으나 사고로 이어지지 않은 상태를 말한다.

125. 항공정비사가 엔진 드레인 플러그의 실(seal)을 장착하는 일을 잊어버렸다면 어떠한 오류에 해당하는가?

① 작위오류   ② 위반   ③ 생략오류   ④ 부주의

해설 행위적 관점에서의 오류
- 실행오류(commission error): 작업 수행과정 중 정확하게 수행하지 못함.
- 생략오류(omission error): 작업 수행과정 중 행동을 빠뜨림.
- 순서오류(sequence error): 작업 수행과정 중 그 순서가 헷갈려 순서를 바꾸어 작업한 경우로, 실행오류에 포함되는 오류
- 시간오류(time error): 정해진 시간 안에 작업을 완수하지 못함.
- 불필요한 수행오류(extraneous error): 작업 수행과정에 필요하지 않은 행동을 수행함.

정답 122. ②   123. ①   124. ①   125. ③

126. 사고의 연결고리가 끊어지면?

　① 기장은 24시간 내에 보고한다.

　② 기장은 72시간 내에 보고한다.

　③ 사고가 발생한다.

　④ 사고로 이어지지 않는다.

해설 사고의 연결고리가 끊어지면 사고로 이어지지 않는다.

127. 눈에서 70~80%의 빛을 통과하고 굴절시켜 주는 기능을 하는 기관은 어디인가?

　① 망막　　　　　　② 각막　　　　　　③ 수정체　　　　　　④ 홍채

해설 각막 : 안구에서 빛을 통과시키고 굴절시키는 기능을 하는 기관

128. 사람은 어느 정도 거리에서 보통으로 대화하는 소리를 들을 수 있어야 하는가?

　① 2 m(6 ft)　　　② 3 m(9 ft)　　　③ 1 m(3 ft)　　　④ 5 m(15 ft)

해설 일반적으로 사람은 2 m 이내의 거리에서 대화하는 소리를 들을 수 있어야 한다.

129. 외부 요인에 의해 귀 내부의 고막이 찢어지는 상황이 발생할 수 있는 경우는 어떤 것인가?

　① 간헐적으로 25 kHz 이상의 소음이 이어질 때

　② 간헐적으로 25 kHz 이하의 소음이 이어질 때

　③ 8 kHz 이하의 지속적인 소음이 계속될 때

　④ 고막이 찢어지는 현상은 소음과는 큰 관계가 없다.

해설 소음이 인체에 끼치는 영향은 소음의 크기뿐만 아니라 소음에 노출된 시간과 관계가 크다. 85 dB 이상의 환경에 8시간 이상 지속적으로 노출되면 청력이 손상될 수도 있다.

130. 7개의 항목을 기억하는 단기기억의 경우 얼마나 오랫동안 기억이 유지되는가?

　① 30~60초　　　② 30초까지　　　③ 60초 이상　　　④ 3분 이상

해설 • 초단기기억 : 2초 동안 유지

　• 단기기억 : 30초까지 유지할 수 있지만, 단기기억에 있는 정보는 재생하지 않으면 10~20초 이내에 사라질 수 있다.

　• 장기기억 : 용량의 제한이 없다.

　※작업기억은 단기기억에 속한다.

정답　126. ④　127. ②　128. ①　129. ③　130. ②

131. 청각반사(aural reflex)는 과도한 소음에 귀를 보호해 주는 역할을 하는데 이때 청각을 보호해 주는 시간은 어느 정도인가?

　① 5초　　　　　② 15초　　　　　③ 15분　　　　　④ 30분 이상

> **해설** 미국의 국립직업안전보건연구소 연구 결과에 따르면, 소음으로부터 귀를 보호하기 위한 기준은 1시간 동안 94 dB을 초과하는 소음에 노출되지 않아야 하며, 100 dB 이상의 소음에 노출되면 영구적으로 청력을 잃을 수 있으므로 15분 이상의 노출을 제한해야 한다.

132. 눈으로 들어오는 빛의 양을 조절하는 눈의 기관은 어디인가?

　① 동공　　　　　② 홍채　　　　　③ 각막　　　　　④ 수정체

> **해설** 눈으로 들어오는 빛을 조절하기 위해서 동공이 수축되거나 확대되는데, 동공의 수축과 확대는 홍채에 의해 조절된다.

133. 반복적인 연습에 의해 일상적인 학습이 된 형태를 무엇이라고 하는가?

　① 인지학습(cognitive learning)

　② 모터 프로그래밍(motor programming)

　③ 에피소드 기억(episode memory)

　④ 브레인스토밍(brainstorming)

> **해설** 모터 프로그래밍 이론(motor programming theory)의 정의: 이미 반복하여 학습된 운동이나 몸짓에 대한 이론을 말한다.

134. 눈에서 빛을 처음으로 통과시키는 기관은 어디인가?

　① 각막　　　　　② 시각피질　　　　　③ 망막　　　　　④ 수정체

> **해설** 각막: 안구에서 빛을 통과시키고 굴절시키는 기능을 하는 기관

135. 가까운 곳의 물체에 초점을 맞출 때 눈의 수정체는 어떻게 변화하는가?

　① 넓어진다　　　　　② 평평해진다　　　　　③ 두꺼워진다　　　　　④ 얇아진다

> **해설** 수정체의 두께 변화
> - 눈은 수정체의 두께를 조절하여 망막에 상이 정확히 맺히게 한다.
> - 멀리 볼 때에는 모양체가 이완되어 수정체가 얇아지지만, 가까이 볼 때에는 모양체가 수축하여 수정체가 두꺼워진다.

정답 131. ③　132. ②　133. ②　134. ①　135. ③

136. 눈에서 주변 시야를 탐지하는 기관은 어디인가?

① 추상체(cones)　② 와(fovea)　③ 간상체(rods)　④ 홍채(iris)

해설 간상체와 추상체는 망막에 있는 시세포이다.

- 간상체 : 어두울 때 작용하며, 명암의 구별이 주목적이다. 망막의 주변부에 널리 분포되어 있으며, 그 수는 1.1억~1.25억 개 정도로 추산되고 막대모양을 하고 있다. 빛에 대한 민감도가 매우 높아서 약한 빛도 감지할 수 있으며, 간상체로 인해 작은 빛에서도 사물을 판단할 수 있다. 움직임에 매우 민감하여 주변 시야를 탐지하는 역할도 한다. 한 가지 색소만으로 구성되어 있어 회색조만을 감지할 수 있다.
- 추상체 : 밝을 때 작용하며, 색의 구별이 주목적이다. 망막의 중심부에 있는 5백만~7백만 개의 세포이며 원추 모양을 하고 있다. 미세한 빛에는 반응하지 않는다. 가시광선의 다양한 파장에 각각 달리 반응하는 3종류의 추상체로 색을 감지하며, 여기서 감지된 서로 다른 색 신호를 뇌로 전송한다.

137. 눈에서 색을 구별할 수 있는 기관은 어디인가?

① 간상체(rods)　② 추상체(cones)　③ 홍채(iris)　④ 와(fovea)

해설 136번 해설 참고

138. 근시를 교정해 주는 렌즈는 어떤 것인가?

① 오목렌즈　② 이중초점렌즈　③ 볼록렌즈　④ 다초점렌즈

해설 원시는 볼록렌즈, 근시는 오목렌즈로 교정한다.

139. 물체에 초점을 맞추는 능력이 떨어지는 상태를 무엇이라고 하는가?

① 노안　② 난시　③ 근시　④ 원시

해설 노안 : 나이가 들어 수정체의 조절기능이 약해지면서 물체에 초점을 맞추는 능력이 떨어지는 현상으로, 가까운 사물이 잘 보이지 않게 되는 현상이다.

140. 작업기억(working memory)은 어디에 해당하는가?

① 장기기억　② 단기기억　③ 초단기기억　④ 초장기기억

해설
- 초단기기억 : 2초 동안 유지
- 단기기억 : 30초까지 유지할 수 있지만, 단기기억에 있는 정보는 재생하지 않으면 10~20초 이내에 사라질 수 있다.
- 장기기억 : 용량의 제한이 없다.
※ 작업기억은 단기기억에 속한다.

정답 136. ③　137. ②　138. ①　139. ①　140. ②

141. 우리나라의 경우 색맹에 대한 설명으로 옳은 것은?

    ① 여자 100명 중 거의 1명 정도는 색맹이다.

    ② 남자 1,000명 중 거의 1명 정도는 색맹이다.

    ③ 여자가 남자보다 색맹이 많다.

    ④ 남자가 여자보다 색맹이 많다.

해설 색맹의 경우, 유전적인 원인에 기인하며 우리나라에서는 남성의 5.5%, 여성의 0.4%의 인구가 색맹을 가지고 있는 것으로 조사되었다.

142. 노안에 대한 설명 중 옳은 것은 어떤 것인가?

    ① 초점이 망막보다 앞쪽에서 맺혀 먼 곳이 잘 보이지 않는 증상

    ② 초점이 망막보다 뒤쪽에 맺혀 가까운 곳이 잘 보이지 않는 증상

    ③ 각막의 굴절 이상으로 시력을 인식하지 못하는 증상

    ④ 망막 중심부에 위치한 황반에 변화가 생기면서 시력이 떨어지는 증상

해설
- 근시 : 외부에서 들어오는 광선이 망막보다 앞에 맺히게 되며, 멀리 있는 사물이 흐리게 보이는 현상
- 원시 : 외부에서 들어오는 광선이 망막보다 뒤에 맺히게 되며, 가까이 있는 사물이 흐리게 보이는 현상
- 난시 : 광선이 각막 또는 수정체에 초점을 맞추지 못하는 현상
- 노안 : 수정체의 조절기능이 약해지면서 초점이 망막보다 뒤쪽에 맺혀 가까운 사물이 잘 보이지 않게 되는 현상
- 황반 변성 : 망막 중심부에 위치한 황반에 변화가 생기면서 시력이 떨어지는 증상

143. 조명이 어두운 곳에서 시야를 확보해 주는 기관은 어떤 것인가?

    ① 와(fovea)   ② 추상체(cones)   ③ 간상체(rods)   ④ 홍채(iris)

해설 간상체 : 어두울 때 작용하며 명암의 구별이 주목적으로, 움직임에 매우 민감하여 주변 시야를 탐지하는 역할도 한다.

144. 보통 노안이 발병하는 시기는 언제부터인가?

    ① 70대   ② 60대   ③ 50대   ④ 40대

해설 노안은 40대 이후 누구에게나 서서히 나타나는 노화에 의한 현상이다.

정답 141. ④ 142. ② 143. ③ 144. ④

145. 난청이 발병하기 시작되는 초기에 영향을 미치는 소리의 영역은 어느 영역인가?

① 고주파수 ② 저주파수

③ 중주파수 ④ 모든 주파수에서 영향을 받는다.

해설 소음성 난청이 가장 먼저 발병하기 시작하는 주파수의 영역은 약 4,000 Hz의 고주파 영역이다.

146. 장기기억의 용량은 어느 정도인가?

① 제한이 없다 ② 4~8년

③ 12개월 ④ 6개월 이내

해설 • 초단기기억 : 2초 동안 유지
• 단기기억 : 30초까지 유지할 수 있지만, 단기기억에 있는 정보는 재생하지 않으면 10~20초 이내에 사라질 수 있다.
• 장기기억 : 용량의 제한이 없다.

147. 초단기기억이 유지되는 시간은 어느 정도인가?

① 10초 ② 5초 ③ 2초 ④ 1초 이내

해설 146번 해설 참고

148. AWN 47에 의거 청력 테스트에 대한 설명 중 옳은 것은?

① 12피트 거리에서 어떤 소음을 들을 수 있어야 한다.

② 10피트 거리에서 보통 대화하는 소리를 들을 수 있어야 한다.

③ 8피트 거리에서 어떤 소음을 들을 수 있어야 한다.

④ 6피트 거리에서 보통 대화하는 소리를 들을 수 있어야 한다.

해설 일반적으로 사람은 2 m(6 ft) 이내의 거리에서 대화하는 소리를 들을 수 있어야 한다.
※ CAA AWN(AIRWORTHINESS NOTICE) 47
3.5 Hearing : The ability to hear an average conversational voice in a quiet room at a distance of
2 metres(6 feet) from the examiner is recommended as a routine test.

149. 정보처리의 첫 번째 단계는 어떤 것인가?

① 결정 ② 기억 ③ 인식 ④ 판단

정답 145. ① 146. ① 147. ③ 148. ④ 149. ③

해설 정보처리는 기본적으로 '인지(인식) – 판단 – 조작 (제어)'의 3단계로 구성된다. 이 과정에서 기억과의 조합을 통해 인간 행동이 결정된다.

150. 단기기억에 있는 정보는 재생하지 않으면 어느 정도 기간 이내에 사라질 수 있는가?

　　① 10~20초　　　② 1~3일　　　③ 2~3주　　　④ 1~3개월

해설 • 초단기기억 : 2초 동안 유지
　　• 단기기억 : 30초까지 유지할 수 있지만, 단기기억에 있는 정보는 재생하지 않으면 10~20초 이내에 사라질 수 있다.
　　• 장기기억 : 용량의 제한이 없다.

151. 다음 중 망막으로 빛을 굴절시켜 이미지를 볼 수 있게 하는 눈의 기관은 어디인가?

　　① 수정체　　　② 각막　　　③ 홍채　　　④ 추상체

해설 수정체 : 눈 안쪽의 양면이 볼록한 렌즈 형태를 한 투명한 조직을 말하며, 빛이 통과할 때 빛을 굴절시켜 모아 주게 되어 망막에 상이 맺히도록 한다.

152. 작업기억의 평균 기억용량은 어느 정도인가?

　　(chunk란 하나로 묶을 수 있는 덩어리라는 의미로, 단순 작업의 하나의 프로세스를 이야기한다.)

　　① 7 chunk　　　② 14 chunk　　　③ 21 chunk　　　④ 28 chunk

해설 작업기억은 단기기억에 속한다. 단기기억은 30초까지 유지할 수 있지만, 단기기억에 있는 정보는 재생하지 않으면 10~20초 이내에 사라질 수 있다. 또한, 단기기억은 일반적으로 7개의 항목을 기억하여 '7 chunk'라고 부른다.

153. 눈에서 망막의 위치는 어디인가?

　　① 수정체와 연결된 각막의 뒤
　　② 각막의 앞
　　③ 수정체 내부
　　④ 시신경이 연결된 안구 뒤

해설 망막 : 눈의 가장 안쪽을 둘러싸고 있는 내벽을 구성하는 신경세포의 얇은 층으로, 시신경이 연결된 안구의 뒷부분을 말한다.

정답 150. ①　151. ①　152. ①　153. ④

154. motor program이란 어떤 것인가?

　　① 컴퓨터 소프트웨어

　　② 컴퓨터 하드웨어

　　③ 단기기억 속에 프로그램화되어 있는 업무

　　④ 여러 번 반복 수행으로 자동화된 업무

해설 모터 프로그래밍 이론(motor programming theory)의 정의 : 이미 반복하여 학습된 운동이나 몸짓에 대한 이론을 말한다.

155. 발생했던 일에 대해 사람들의 생각에 영향을 끼치는 기억의 형태는 무엇인가?

　　① 반향적 기억　　　② 의미론적 기억　　　③ 일화적 기억　　　④ 일반적 기억

해설 일화적 기억(episodic memory)
- 명시적 기억(declarative memory)의 한 종류로, 자전적 사건들(시간, 장소, 감정, 지식)에 관한 기억이다.
- 이것은 어느 특정 시간과 장소에서 일어났던 과거의 개인적인 경험의 모음이다.

156. 눈의 추상체의 기능에 대해서 바르게 설명한 것은?

　　① 색을 감지하고 밝은 빛을 수용하여 선명하게 보이게 해 준다.

　　② 밝은 빛을 감지하나 색을 감지하지 못한다.

　　③ 어두운 빛을 감지하나 색을 감지하지 못한다.

　　④ 빛과 색을 감지하지는 못하지만 빛을 통과시켜 주는 통로 역할을 한다.

해설 추상체
- 밝을 때 작용하며 색의 구별이 주목적이다.
- 망막의 중심부에 있는 5백만~7백만 개의 세포이며 원추 모양을 하고 있다.
- 미세한 빛에는 반응하지 않는다.
- 가시광선의 다양한 파장에 각각 달리 반응하는 3종류의 추상체로 색을 감지하며, 여기서 감지된 서로 다른 색신호를 뇌로 전송한다.

157. 귀로 뾰족하고 날카로운 물체가 들어갔을 때, 발생될 수 있는 현상은 어떤 것인가?

　　① 이명　　　　　　② 전도 난청　　　　　③ 멀미　　　　　④ 고막 천공

해설 고막 천공 : 외상(외부 충격)에 의해 소리의 전달에 중요한 역할을 하는 고막이 찢어지거나, 구멍이 나서 손상되는 것

정답 154. ④　155. ③　156. ①　157. ④

158. 인간의 귀가 들을 수 있는 최대주파수의 범위는?

① 8 kHz   ② 12 kHz   ③ 16 kHz   ④ 20 kHz

해설 가청주파수(audio frequency band) : 인간의 귀가 소리로 느낄 수 있는 음파의 주파수 영역으로, 최소 20 Hz에서 최대 20 kHz까지의 영역을 말한다.

159. 전도 난청 증세는 귀의 어떤 기관이 손상되었을 때 유발되는가?

① 달팽이관   ② 평형석   ③ 반고리관   ④ 유스타키오관

해설 감각신경성 난청 : 내이의 달팽이관의 소리 감지기능에 이상이 있거나, 소리 자극을 뇌로 전달하는 청신경이나 중추신경계 이상으로 발생한다.

160. 다음 A, B에 들어갈 알맞은 말을 고르시오.

"근시는 상이 망막보다 (A) 맺히는 질병이고, 교정을 위해 (B) 렌즈가 필요하다."

① 멀리, 오목   ② 가깝게, 볼록   ③ 가깝게, 오목   ④ 멀리, 볼록

해설 • 근시 : 외부에서 들어오는 광선이 망막보다 앞에 맺히게 되며, 멀리 있는 사물이 흐리게 보이는 현상
• 원시 : 외부에서 들어오는 광선이 망막보다 뒤에 맺히게 되며, 가까이 있는 사물이 흐리게 보이는 현상
• 근시는 오목렌즈, 원시는 볼록렌즈로 교정한다.

161. 귀의 기관 중 평형석이 감지하는 것은 무엇인가?

① 각가속도   ② 선가속도
③ 회전가속도   ④ 각가속도와 선가속도

해설 • 평형석 : 전정기관에 있는 입상의 분비물로서 이것의 움직임에 의하여 평형감각이 생긴다. 평형석은 이석(耳石) 또는 청석(聽石)이라고도 한다.
※ 선형운동에 의해 유발되는 선가속도는 내이의 이석기관에 의해 감지된다.

162. 코의 기능으로 가장 알맞은 것은 어떤 것인가?

① 폐로 들어가는 공기를 필터링한다.
② 폐로 들어가는 공기를 필터링, 보온, 축축하게 해 준다.
③ 뇌로 들어가는 공기를 필터링한다.
④ 뇌로 들어가는 공기를 필터링, 보온, 축축하게 해 준다.

정답 158. ④   159. ①   160. ③   161. ②   162. ②

해설 코의 기능

- 코는 호흡과 후각의 역할을 수행한다.
- 코는 폐로 들어가는 공기가 통하는 짧은 통로이지만 90% 이상의 공기 내의 먼지와 세균의 여과기능을 하고, 공기의 온도와 습도를 조절한다.

163. 다음 중 눈의 근시의 일반적인 원인은?

① 빛 조절 미흡   ② 색 감지 미흡   ③ 안구의 축소   ④ 안구의 확장

해설 근시는 안구의 앞뒤 길이가 확장되어 초점이 망막보다 앞에 맺히는 현상이다.

164. 색맹 중 항공정비사 자격증명을 받을 수 없는 색맹이 아닌 것은?

① 전색맹   ② 녹색맹   ③ 적색맹   ④ 색맹의 경우 모두 불가능하다.

해설
- 단색형 색각이상 : 단색시 혹은 전색맹이라고도 한다. 색상을 구분하는 능력이 전혀 없는 경우이며, 원추세포의 이상이나 결핍으로 인해 발생한다. 망막상에 원추세포가 한 가지 종류밖에 없거나 혹은 전혀 없을 때 나타나게 되며, 이 경우 한 가지 종류의 색과 빛밖에 느끼지 못하게 된다.
- 제1색각이상 : 적색 수용체의 완전 결핍에 의해 발생하는 유형으로, 적색이 어둡게 보이게 된다. 남성에게 주로 나타나는 반성유전 질환으로, 전체 남성 중 약 1%에서 발견된다. 장파색각결함 또는 적색맹이라고도 한다.
- 제2색각이상 : 녹색 수용체의 결핍에 의해 발생하는 유형으로, 적색–녹색의 구분능력에 영향을 준다. 남성에게 주로 나타나는 반성유전 질환이다. 중파색각결함 또는 녹색맹으로도 불린다.
- 제3색각이상 : 청색 수용체의 완전 결핍에 의해 발생하는 유형으로, 황색–청색의 구분능력이 떨어진다. 제1색각이상, 제2색각이상에 비하여 매우 드물게 발견된다. 단파색각결함 또는 황청색맹으로도 불린다. 7번 염색체 유전으로 남성의 비율이 압도적으로 높은 적록색맹과는 달리 남녀 비율이 동일하다. 전체 인구의 0.01%(10000분의 1)에서 발견되는 희귀질환이다.
- 항공안전법 시행규칙 제92조 2항의 [별표 9]는 "항공종사자는 색각이 정상일 것, 단 색각경검사(아노말로스코프) 불합격자에게는 색각 제한사항을 부과하여 항공신체검사증명서 발급"이라고 명시하고 있다.

165. 의사의 처방을 받아 새로운 약을 복용했을 때 취할 행동으로 올바른 것은?

① 정상적으로 근무교대를 계속한다.
② 새 약을 복용 후 3일 정도의 휴무를 가진다.
③ 새 약을 24시간 복용하며 지켜본다.
④ 새 약을 복용 후 1주일간 휴무하며 안정을 취한다.

해설 건강상의 이유로 어쩔 수 없이 의사의 처방에 따라 약물을 복용한 경우에는 복잡한 작업이나 조작 등을 피해야 하며, 관리자 또는 항공운송사업자는 약물을 복용한 인원에 대해 일시적으로 업무에서 배제할 필요가 있다. 당사자는 약물을 복용하고 최소 24시간 동안 지켜보는 것이 좋다.

정답 163. ④   164. ④   165. ③

166. 일반적으로 수술 등의 목적으로 마취를 하였을 때, 그 후 취할 행동으로 올바른 것은?

    ① 가능한 한 빨리 근무 복귀한다.

    ② 최소한 24~48시간 내에 근무 복귀하면 안 된다.

    ③ 7일의 휴가를 취한다.

    ④ 본인이 느끼기에 문제없다면 곧바로 근무 복귀한다.

> **해설** 마취는 의사의 처방에 의해 복용하거나 주사되는 약물이므로 최소 24시간 이상 경과를 관찰할 필요가 있으며, 관리자는 일시적으로 업무에서 배제할 필요가 있다.

167. 서파수면(slow wave sleep)이란 어떤 상태일 때를 말하는가?

    ① 역설적 수면(paradoxical sleep)

    ② 2~4단계 수면

    ③ REM(Rapid Eye Movement) 수면

    ④ 잠깐씩 깨는 수면(brief awakening) 상태

> **해설** • 수면의 단계는 크게 비렘수면(NREM)과 렘수면(REM)으로 구분된다.
> - NREM 수면 : 제1~4단계 수면
> - REM 수면 : 제5단계 수면
> - 제1단계 : 뇌파가 베타(β)파에서 알파(α)파로 바뀌어 간다.
> - 제2단계 : 세타(θ)파 및 방추형과 K복합 뇌파가 나타난다.
>   (제1단계, 제2단계 수면은 가수면 상태라고 부른다.)
> - 제3단계, 제4단계 : 델타(δ)파가 나오기 시작하며, 두 단계는 델타파의 양으로 구분한다. 이 시기를 깊은 수면이라고 하며 신체 회복에 가장 유익한 단계이다.
> - 제5단계 : 렘(REM : Rapid Eye Movement)수면이며, 이 시기에는 신체적·심리적인 회복, 단백질 합성 및 기억 향상에 도움이 된다고 보고되고 있다. 렘수면은 역설수면이라고도 부르는데, 몸은 잠을 자고 있으나 뇌파는 깨어 있을 때의 알파(α)파를 보이는 수면 상태이기 때문이다. 자율신경성 활동이 불규칙적인 수면의 시기로, 보통 빠른 안구운동이 일어나며 꿈을 꾸는 경우가 많다.
> ※전체 파형 중에 델타(δ)파와 세타(θ)파의 비율이 크게 증가할 때를 slow wave sleep이라고 한다.

168. 항공정비사가 각성제를 복용할 때와 취할 행동으로 올바른 것은?

    ① 야간근무 시 늦게 일했을 때만 복용해도 좋다.

    ② 감각에 자극을 주기 때문에 사고를 일으킬 확률이 줄어든다.

    ③ 의사의 처방을 받았을 때만 이용할 수 있지만 커피를 제외하고 안 된다.

    ④ 주간근무 시에는 복용을 해도 큰 문제가 되지 않는다.

정답 166. ②   167. ②   168. ③

해설 각성제는 약물의 범주에 들어가기 때문에 의사의 처방에 의해서 복용해야 한다. 각성제 중 카페인은 소량의 경우, 복용이 허용된다. 커피는 카페인이 함유된 음료이므로 소량의 경우는 섭취할 수 있다.

169. 3~4단계 수면에 대한 설명 중 옳은 것은?

    ① 술에 의해 유도된다.

    ② 수면 주기 중 한 번 발생한다.

    ③ 신체 회복에 가장 유익한 단계이다.

    ④ REM(Rapid Eye Movement) 수면 상태에 해당한다.

해설 168번 해설 참고

170. 다음 중 체온이 어떤 상황일 때 인적오류가 발생할 확률이 높아지는가?

    ① 고체온   ② 정상체온

    ③ 저체온   ④ 체온과 인적오류는 관계가 없다.

해설 사람의 체온이 35℃ 이하로 떨어지고 정상 체온을 유지하지 못하는 저체온증이 발생하면 신진대사가 원활하지 못해 신체기능에 제한을 받게 되며, 혈압이 급격히 떨어진다. 그에 따라 인적오류의 발생 확률도 높아진다.

171. 항공정비사가 장기 교대근무로 일을 했다면 고장탐구능력이나 업무능력은 어떻게 되는가?

    ① 처음에는 특정한 고장탐구나 정비능률이 감소하나 결국 익숙해진다.

    ② 항상 고장탐구능력이나 정비능률이 감소한다.

    ③ 항상 고장탐구능력과 정비능률이 증가한다.

    ④ 시간에 맞춰 근무 교대를 실시하기에 고장탐구나 정비능률에 영향이 없다.

해설 장기 교대근무를 하면 근무 시 기대한 효과가 나오지 않으며, 작업의 질도 저하될 가능성이 있다. 따라서 고장탐구능력이나 정비능률이 감소할 수밖에 없다.

172. 생체주기상 체온 변화는 어떠한가?

    ① 변하지 않는다.   ② 1.5℃ 정도 변한다.

    ③ 1.5°R 정도 변한다.   ④ 1.5°F 정도 변한다.

해설 생체리듬(circadian rhythm)에 따른 체온 변화 : 체온은 잠을 자는 밤에는 저하하고, 잠에서 깨어 활동하면서 점차 상승한다. 체온의 최고온도와 최저온도는 1.5℃ 정도의 차이가 있다.

정답 169. ③   170. ③   171. ②   172. ②

173. 대마초 흡연을 하였을 때 업무에 끼치는 영향에 대해 올바른 것은?

　① 24시간 업무 수행에 민감하게 영향을 끼친다.

　② 업무 수행 시 단지 짧게 영향을 끼친다.

　③ 사람의 행동과 업무 수행에 24시간 주목할 만한 영향을 끼친다.

　④ 습관적인 대마초 흡연은 업무에 큰 영향이 없다.

해설 약물의 경우, 업무에 민감하게 영향을 끼치기 때문에 법적으로 금지된 마약(항공안전법 제57조 제5항 제2호)의 경우에는 당연히 복용 및 주사를 해서는 안 된다.

174. 피로에 의한 영향 중에 피로하게 되면 시력은 어떻게 변화하는가?

　① 시력 감소　　　　　　　　② 시력과 무관

　③ 시력 증가　　　　　　　　④ 정신적 피로의 경우 시력과 무관

해설 신체적 피로 및 정신적 피로에 의한 영향으로 시력이 감퇴될 수 있다.

175. 항공종사자에게 있어서 혈중 알코올 농도 제한치를 올바르게 표현한 것은?

　① 운송용 조종사, 관제사의 혈중 알코올 20 mg/100 mL, 항공정비사는 80 mg/100 mL

　② 운송용 조종사, 관제사의 혈중 알코올 80 mg/100 mL, 항공정비사는 20 mg/100 mL

　③ 운송용 조종사, 관제사, 항공정비사 모두 혈중 알코올 40 mg/100 mL

　④ 운송용 조종사, 관제사, 항공정비사 모두 혈중 알코올 20 mg/100 mL

해설 항공종사자의 경우 혈중 알코올 농도 제한치는 20 mg/100 mL이다. 항공안전법 제57조에 따르면 주정성분이 있는 음료의 섭취로 혈중 알코올 농도가 0.02% 이상인 경우, 항공종사자는 업무를 수행할 수 없다.

176. 역설적 수면(paradoxical sleep)이란?

　① 3단계 수면　　② 4단계 수면　　③ REM 수면　　④ Non-REM 수면

해설 역설적 수면
- 수면의 단계 중 제5단계 수면인 렘(REM : Rapid Eye Movement)수면을 말하며, 이 시기에는 신체적·심리적인 회복, 단백질 합성 및 기억 향상에 도움이 된다고 보고되고 있다.
- 렘수면은 역설수면(paradoxical sleep)이라고도 하는데, 몸은 잠을 자고 있으나 뇌파는 깨어 있을 때의 알파(α)파를 보이는 수면 상태이기 때문이다.
- 자율신경성 활동이 불규칙적인 수면의 시기로, 보통 빠른 안구운동이 일어나며 꿈을 꾸는 경우가 많다.

정답　173. ①　174. ①　175. ④　176. ③

177. 최초로 약을 복용했을 때 취해야 할 행동으로 올바른 것은?

① 최초로 약 복용 후 적어도 업무 복귀 전 24시간 내에 부작용 유무를 확인해야 한다.

② 약의 효능이 지속되는 시간 동안에는 일을 하지 않는다.

③ 어떤 일을 해야 하는지 의사와 상담한다.

④ 마약성 성분이 포함되어 있지 않다면 약 복용이 업무에 크게 관계없다.

해설 건강상의 이유로 어쩔 수 없이 의사의 처방에 따라 약물을 복용한 경우에는 복잡한 작업이나 조작 등을 피해야 하며, 관리자 또는 항공운송사업자는 약물을 복용한 인원에 대해 일시적으로 업무에서 배제할 필요가 있다. 당사자는 약물을 복용하고, 최소 24시간 동안 지켜보는 것이 좋다.

178. 다음 중 체력과 건강을 유지하기 위한 가능한 최대 음주섭취량은? (1 unit = 알코올 10 g)

① 3~4 units/일주일 ② 7 units/일주일

③ 3~4 units/하루 ④ 7 units/하루

해설 항공종사자의 경우, 판단능력이 중요하기 때문에 음주에 관해서는 엄격하게 관리되어야 한다. 항공안전법 제57조에 따르면 주정성분이 있는 음료의 섭취로 혈중 알코올 농도가 0.02% 이상인 경우 항공종사자는 업무를 수행할 수 없다. 일반적으로도 건강을 유지하기 위해서 알코올 섭취를 최소화하는 것이 좋다.

179. 인체 생체리듬의 주기는 몇 시간인가?

① 24시간 ② 12시간 ③ 8시간 ④ 4시간

해설 • 생체리듬(circadian rhythm): 24시간 주기로 일어나는 생체 내 과정을 의미한다.

• 생체리듬에 따른 체온 변화 : 잠을 자는 밤에는 저하하고, 잠에서 깨어 활동하면서 점차 상승한다. 체온의 최고온도와 최저온도는 1.5℃ 정도의 차이가 있다. 보통 새벽 4시에서 6시 사이에 체온이 최저 상태가 된다.

180. 정상적인 생체리듬이 있는 사람의 경우, 다음 중 체온이 가장 낮은 시간대는 언제인가?

① 아침 4~6시 ② 기상 직후 ③ 정오 ④ 오후 6~8시

해설 179번 해설 참고

정답 177. ① 178. ① 179. ① 180. ①

181. 음주에 대한 설명으로 올바른 것은?

① 정신적·육체적으로 반응시간이 느려진다.

② 정신적·육체적으로 반응시간과는 무관하다.

③ 정신적·육체적으로 반응시간이 빨라진다.

④ 정신적으로 반응시간이 빨라지며 육체적으로 반응시간이 느려진다.

해설 알코올 섭취는 양에 관계없이 일상생활에 부정적인 영향을 끼치므로 정신적·육체적 반응시간이 느려지게 된다.

182. 최적의 수면시간은 어떤 경우인가?

① 2시간 활동에 1시간 깊은 잠   ② 2시간 활동에 2시간 깊은 잠

③ 1시간 활동에 1시간 깊은 잠   ④ 1시간 활동에 2시간 깊은 잠

해설 • 최적의 수면시간은 사람마다 다를 수 있지만 통계상 사망 위험이 낮고 숙면감이 높은 수면시간은 7~8시간으로 보고 있다.

• 하루 24시간을 기준으로 본다면 2시간 활동에 1시간 깊은 잠이 비율적으로 적절하다고 볼 수 있다.

183. 다음 중 허용된 각성제는 어떤 것인가?

① 브로마인   ② 카페인   ③ 암피타민   ④ 코카인

해설 각성제 중 카페인은 소량의 경우, 복용이 허용된다. 커피는 카페인이 함유된 음료이므로 소량의 경우는 섭취할 수 있다.

184. 알코올 3~5units를 마신 후 수면을 취했다면 수면에 끼치는 영향은 어떠한가?

① 수면의 양과 질이 저하   ② 낮은 REM 수면

③ 저체온   ④ 생체 활성화

해설 알코올 섭취는 양에 관계없이 수면에 부정적인 영향을 끼친다.

185. 장기 교대근무로 인해 유발되는 현상에 대한 설명으로 올바른 것은?

① 결함을 인지하는 능력이 저하된다.

② 결함을 인지하는 능력이 증가한다.

③ 결함을 인지하는 능력과 상관없다.

④ 결함을 인지하는 능력이 저하되었다가 적응 후 다시 증가한다.

정답 181. ①   182. ①   183. ②   184. ①   185. ①

해설 장기 교대근무를 하면 근무 시 기대한 효과가 나오지 않으며, 작업의 질도 저하될 가능성이 있다. 따라서 고장 탐구능력이나 정비 능률이 감소할 수밖에 없다.

186. 생체리듬으로 조절되는 대표적인 생리현상은 무엇인가?

　　① 체온　　　　　② 소변 배출　　　　③ 수면의 형태　　　④ 호르몬 변화

해설 생체리듬(circadian rhythm)에 가장 민감하게 영향을 끼치는 것은 체온이다. 생체리듬은 수면시간, 체온과 연관성이 높다. 잠을 자는 밤에는 체온이 저하하고, 잠에서 깨어 활동하면서 체온은 점차 상승한다.

187. 체온의 주기, 수면의 필요성, 민첩성 등과 연관성이 높은 것은 무엇인가?

　　① 자전　　　　　　　　　　② 생체리듬
　　③ 엑토-메리디안(ecto-meridian)주기　　④ 호르몬 균형

해설 186번 해설 참고

188. 인적요인으로 인한 사고가 발생하기 쉬울 때는 언제인가?

　　① 체온이 가장 낮을 때
　　② 고온 날씨에
　　③ 체온이 정상적일 때
　　④ 체온이 가장 높을 때

해설 사람의 체온이 35℃ 이하로 떨어지고 정상 체온을 유지하지 못하는 저체온증이 발생하면 신진대사가 원활하지 못해 신체기능에 제한을 받게 되며, 혈압이 급격히 떨어진다. 그에 따라 인적오류의 발생 확률도 높아진다.

189. 잠자기 전에 3~4 units의 음주로 인해 유발되는 수면현상은 어떠한가?

　　① 수면의 양이 감소한다.
　　② 수면의 질이 저하된다.
　　③ 수면의 양과 질이 저하된다.
　　④ 수면의 양과 질은 무관하다.

해설 알코올 섭취는 양에 관계없이 수면에 부정적인 영향을 끼친다.

정답 186. ①　187. ②　188. ①　189. ③

190. 항공기에서 작업할 때, 음주에 관한 규정은 어떻게 되는가?

　　① 음주가 허용된 양만큼 마셔도 된다.

　　② 과음 후 8시간 정도 일하면 안 된다.

　　③ 음주는 하면 안 된다.

　　④ 체질에 따라 다르다.

해설 항공안전법 제57조 제2항은 "항공종사자는 업무에 종사하는 동안에는 주류 등을 섭취하거나 사용해서는 안 된다."라고 명시하고 있다.

191. 저산소증으로 인해 유발될 수 있는 신체 변화는 무엇인가?

　　① 다시 재빨리 따뜻하게 해 주지 않으면 혼수상태에 이를 수 있다.

　　② 간상체 감각에 손상을 주어 시력을 해치게 한다.

　　③ 눈의 수정체의 야간 식별이 개선된다.

　　④ 극심한 두통을 호소하게 되며 시간이 지나면 자연스레 나아진다.

해설 항공종사자는 높은 고도에서 감압이나 산소 공급이 부족할 경우에는 저산소증에 노출될 수도 있다. 저산소증에 노출되면 특히 중추신경계의 변화를 일으키며, 급성 저산소증의 경우 급성 알코올 중독과 비슷한 환각이나 혼동을 일으키는 판단력 장애, 운동 실조 등의 증상을 유발할 수 있다. 심한 경우에는 시력저하 현상도 발생할 수 있다. 저산소증에 장시간 노출되면 뇌혈관 확장에 따른 이차적 두통과 위장장애·어지럼증·불면증·피로감·졸림 등의 증상을 나타내고 폐부종이나 뇌부종을 초래하며, 이것이 심해지면 결국은 호흡곤란으로 의해 사망하게 된다.

192. 음주 이후, 알코올 흡수는 무엇에 의해 달라지게 되는가?

　　① 몸무게　　　　　② 나이　　　　　③ 시간　　　　　④ 성별

해설 혈중 알코올 농도는 성별·체중·음주량·음주속도에 따라 조금씩 차이는 있지만, 인체에 미치는 영향은 그 누구라도 피해갈 수 없다. 음주 후 알코올의 흡수는 건강한 성인의 경우, 음주 후 30~60분 이내에 대부분의 알코올이 흡수되지만, 음식물과 함께 섭취할 경우에는 약 4~6시간 정도 소요된다.

193. 항공정비사의 체질량지수(BMI : Body Mas Index)가 28이라면 어떤 상태인가?

　　① 건강에는 이상이 없는 건강한 몸무게

　　② 건강에 이상이 없고 저체중

　　③ 건강에 이상이 없고 과체중

　　④ 건강에 이상이 있고 과체중

정답 190. ③　191. ②　192. ③　193. ④

해설 • BMI 지수 = 체중÷(신장)^2 (여기서, 체중의 단위는 kg, 신장의 단위는 m)
• BMI 지수의 수치가 20 미만일 때 저체중, 20~24일 때 정상체중, 25~30일 때 경도비만(과체중), 30 이상인 경우에는 비만으로 간주한다.
• 비만의 경우, 고혈압 발병 확률은 정상인에 비해 5배, 당뇨의 발병 확률은 정상인에 비해 3배 높은 것으로 조사되었으며, 정상체중을 벗어나면 건강에 이상이 있다고 판단하여 꾸준한 관리가 필요하다.

194. 수면의 단계는 몇 단계로 분류 가능한가?

① 5단계   ② 4단계

③ 3단계   ④ 2단계

해설 • 수면의 단계는 크게 비렘수면(NREM)과 렘수면(REM)으로 구분된다.
• NREM 수면 : 제1~4단계 수면
• REM 수면 : 제5단계 수면
• 제1단계 : 뇌파가 베타(β)파에서 알파(α)파로 바뀌어 간다.
• 제2단계 : 세타(θ)파 및 방추형과 K복합 뇌파가 나타난다.
  (제1단계, 제2단계 수면은 가수면 상태라고 부른다.)
• 제3단계, 제4단계 : 델타(δ)파가 나오기 시작하며, 두 단계는 델타파의 양으로 구분한다. 이 시기를 깊은 수면이라고 하며 신체 회복에 가장 유익한 단계이다.
• 제5단계 : 렘(REM : Rapid Eye Movement)수면이며, 이 시기에는 신체적·심리적인 회복, 단백질 합성 및 기억 향상에 도움이 된다고 보고되고 있다. 렘수면은 역설수면이라고도 부르는데, 몸은 잠을 자고 있으나 뇌파는 깨어 있을 때의 알파(α)파를 보이는 수면 상태이기 때문이다. 자율신경성 활동이 불규칙적인 수면의 시기로, 보통 빠른 안구운동이 일어나며 꿈을 꾸는 경우가 많다.
※ 전체 파형 중에 델타(δ)파와 세타(θ)파의 비율이 크게 증가할 때를 Slow wave sleep이라고 한다.

195. REM(Rapid Eye Movement) 수면이란 무엇을 말하는가?

① 과학으로 설명할 수 없는 수면(paranormal sleep)

② 서파수면(slow wave sleep)

③ 역설적 수면(paradoxical sleep)

④ 각성 상태(arousal)

해설 194번 해설 참고

196. 항공정비사의 장시간 교대근무로 인해 유발되는 결과는 어떠한가?

　　① 고장탐구와 정비능률이 증가된다.

　　② 초기엔 고장탐구와 정비능률이 감소되지만 점점 익숙해진다.

　　③ 고장탐구와 정비능률이 줄어든다.

　　④ 교대근무에 익숙해지면 고장탐구와 정비능률은 크게 변화 없다.

해설 장기 교대근무를 하면 근무 시 기대한 효과가 나오지 않으며, 작업의 질도 저하될 가능성이 있다. 따라서 고장 탐구능력이나 정비 능률이 감소할 수밖에 없다.

197. 3~4단계 수면에 대한 설명으로 옳은 것은?

　　① 수면주기마다 한 번만 발생한다.　　② 신체 회복에 가장 유익하다.

　　③ 음주로 인해 유도된다.　　④ REM 수면에 해당된다.

해설 194번 해설 참고

198. 신체리듬 장애가 정상적인 상태로 회복하는 데 걸리는 시간비율은?

　　① 하루에 2.5시간　　② 하루에 1.5시간

　　③ 하루에 2시간　　④ 하루에 1시간

해설 생체리듬(circadian rhythm)은 일상생활이 24시간 단위로 이루어져 있어 24시간 주기라고 한다. 생체리듬에 대해 보다 정확하게 말하면, 개인차가 있으며 24~28시간 정도라고 한다. 항공종사자의 경우, 비행 시차에 의해 생체리듬 장애가 발생할 수 있으며, 기존 연구에 따르면 생체리듬 장애가 정상적인 상태로 회복하기 위해서는 하루 평균 1.5시간의 적응력이 필요하다고 한다.

199. 정신작업 끝에 나타나는 급성피로에 대하여 잘못된 설명은?

　　① 일시적 정신 공백의 상태가 바탕이 된다.

　　② 피로가 쌓이면 정신 공백은 자주 나타나고 길어진다.

　　③ 정신 공백의 증가는 주관적인 피로의 느낌과 비례한다.

　　④ 정신적 피로는 육체적 피로보다 회복이 어렵다.

해설 • 공백은 신체적으로나 정신적으로 모든 것이 없어지거나 박탈되는 것을 의미한다. 이러한 공백은 정도에 따라 권태-피로-탈진으로 구분하기도 한다.

　　• 피로는 과도한 노력이나 힘에 의해 나른함과 허약함을 가져와 원래 가지고 있던 능력이 현저하게 감소된 상태를 말하며, 급성피로는 대부분 원인이 명확하므로 휴식과 함께 음식 및 약물의 조절이 필요하다. 정신적 피로는 육체적 피로보다 회복이 더 어렵다고 알려져 있다.

정답 196. ③　197. ②　198. ②　199. ③

200. 다음 중 건강을 해치는 요인을 알 수 있는 스트레스는 어떤 것인가?
    ① 심리적 스트레스　　　　　　② 생리적 스트레스
    ③ 육체적 스트레스　　　　　　④ 물리적 스트레스

해설 심리적인 스트레스는 신체적인 위험의 결과를 초래할 수 있으며 뇌졸중·심근경색·위궤양과 같은 신체적인 질병은 물론이고, 우울증 등의 정신적인 질병의 발생 위험을 증가시킬 수도 있다.

201. 특정한 업무에서 받는 스트레스의 양은 무엇에 의해 달라지는가?
    ① 인지한 양과 실제 능력
    ② 인지한 양과 인지된 능력
    ③ 실제 요구되는 양과 실제 능력
    ④ 실제 요구되는 양과 인지된 능력

해설 특정한 업무에서 받는 스트레스의 양은 작업자 본인이 인지한 업무의 양, 인지된 본인의 능력에 따라 달라지게 된다.

202. 인적 수행능력을 소음과 관계하여 생각할 때, 다음 설명 중 올바른 것은?
    ① 소음은 오류의 건수와 개인적 업무 수행능력의 속도와 무관하다.
    ② 개인은 소음 수준에 따라 방해를 받지만 지속적으로 업무 수행은 잘할 수 있다.
    ③ 소음은 오류의 건수와 개개인의 업무 수행능력의 속도에 비례한다.
    ④ 팀 활동으로 업무를 진행할 때, 소음은 개인적 업무 수행능력과 무관하다.

해설 환경적 스트레스란 소음·열·진동 등 작업환경에 의해 발생하는 스트레스를 말한다. 작업자 개인의 업무 수행능력에 있어서 발생하는 인적오류도 환경적 스트레스와 깊은 관계가 있다.

203. 환경적 스트레스에 대한 설명으로 맞는 것은 어떤 것인가?
    ① 소음·열·진동 등에 의한 스트레스를 말한다.
    ② 질병·염려·대인관계 등에 의한 스트레스를 말한다.
    ③ 환경적 스트레스는 보통 쌓이지 않는다.
    ④ 모든 사람이 동등하게 견딜 수 있다.

해설 202번 해설 참고

정답 200. ① 201. ② 202. ③ 203. ①

204. 작업자가 귀마개를 착용하여야 되는 소음 레벨의 수준은 얼마인가?

① 85 dB   ② 75 dB   ③ 65 dB   ④ 55 dB

해설 85 dB 이상의 환경에 8시간 이상 노출되면 청력이 손상될 수도 있기 때문에, 산업안전보건법에서는 스스로 귀마개(ear plug), 맞춤형 귀마개(custom-fitted ear plug), 귀덮개(ear muff) 등과 같은 청력 보호장구를 상황에 맞게 적절하게 사용할 것을 권고하고 있다.

205. 최대 허용 소음지수는 얼마인가? (TWA : Time Weighted Average → 8시간)

① 85dB TWA를 초과하는 시간과 소음의 합계
② 90dB TWA를 초과하는 시간과 소음의 합계
③ 24시간 90 dB
④ 24시간 100 dB

해설 최대 허용 소음지수는 소음의 노출기준이 8시간 시간가중치를 의미하므로 90 dB을 설정한다(한국산업안전보건공단).

206. 항공정비사는 엔진이 가동 중인 비행기 근처에서 작업할 때, 필수적으로 귀마개를 착용해야 하는데 어느 정도 거리에서 착용해야 하는가?

① 200~300 m 밖   ② 20~30 m 밖
③ 2~3 m 밖   ④ 1 m 이내

해설 귀마개의 착용
- 가스터빈엔진이 장착된 항공기의 경우, 엔진이 가동 중일 때는 엔진의 앞 60 m, 뒤 150 m 이내에 접근해서는 안 된다.
- 엔진이 가동 중인 항공기 근처에서 작업을 할 때, 최소 200 m 거리에서는 청력을 보호하는 보호장구를 착용해야 한다.

207. 밝은 조명에서 작업할 때 고려해야 할 사항은 어떤 것인가?

① 흐릿해지는 영상   ② 그림자
③ 눈부심   ④ 색수차

해설 조명은 물리적 환경인자에 포함된다. 조명이 적당해야 작업자의 인적오류를 줄일 수 있으며, 너무 밝거나 어두우면 문제가 발생할 소지가 높아진다. 특히, 밝은 조명 아래서 작업할 때도 눈부심에 주의해야 한다.

정답 204. ①   205. ②   206. ①   207. ③

208. 소음환경과 항공정비사 업무와의 관계를 올바르게 설명한 것은?

① 집중력과 일의 능률을 향상시킨다.

② 집중력과 일의 능률에 해를 끼친다.

③ 집중력과 일의 능률과 무관하다.

④ 초기에는 집중력과 일의 능률이 저하되지만 익숙해지면 향상된다.

해설 환경적 스트레스란 소음·열·진동 등 작업환경에 영향을 주는 인자이다. 환경적 스트레스에 포함되는 소음이 심한 환경에서는 당연히 작업자의 업무 수행능력에 있어서 집중력이 흐트러지고 주의력이 산만해지는 등 능률이 감소할 수밖에 없다. 소음의 환경에서 작업 능률은 당연히 감소하며 그에 따라 다른 요인의 스트레스에 대한 저항력도 떨어지게 되며 신체적·정신적 피로 상태를 야기할 소지가 다분하다. 또한, 소음에 지속적으로 노출된다면 피로에 이어 여러 가지 청력장애를 유발할 수도 있다.

209. 작업환경 중 과도한 소음으로 인해 유발되는 상황은 어떤 것인가?

① 다른 스트레스에 저항력을 키울 수 있다.

② 업무 수행과는 무관하다.

③ 다른 스트레스에 저항력이 감소된다.

④ 오히려 업무 능률은 향상될 수 있다.

해설 208번 해설 참고

210. 고온과 소음으로 인해 유발되는 상황은 어떤 것인가?

① 주의력이 산만해지고 분산된다. ② 주의력과 산만해짐과는 무관하다.

③ 주의력이 모두 손실된다. ④ 주의력이 오히려 집중된다.

해설 208번 해설 참고

211. 강력하고 시끄러운 소음은 어떤 신체 징후로 이어질 수 있는가?

① 난청 ② 피로

③ 색맹 ④ 이석증

해설 208번 해설 참고

정답 208. ② 209. ③ 210. ① 211. ②

212. 행거(hanger)의 작업장 조명으로 올바른 조건은 어떤 것인가?

    ① 조명의 조도는 최소 10 lux 이상이어야 한다.

    ② 설치된 조명장치에 의해 빛과 그림자 비가 3:1이어야 한다.

    ③ 개인의 업무를 수행하기 위하여 휴대용 조명장치만 있으면 된다.

    ④ LED보다 형광등으로 설치하는 것이 효과적이다.

해설 항공기 작업장의 조명환경
- 조명이 적당해야 작업자의 인적오류를 줄일 수 있으며, 너무 밝거나 어두우면 문제가 발생할 소지가 높아진다.
- 조명의 조도는 lux(빛의 조명도를 나타내는 단위) 단위로 10 lux 이하가 좋다. 10 lux를 초과하게 되면 눈부심 현상 등이 발생할 소지가 있다.
- 설치된 조명장치에 의해 빛과 그림자의 비는 3:1 정도가 이상적이다.
- 작업장 조명은 형광등보다는 LED 조명으로 설치하는 것이 효과적이다.
- 작업장 조명 이외에 작업자 개인이 휴대용 조명을 추가하여 사용하는 것이 좋다.

213. 감각과 인지오류를 유발할 수 있는 대표적인 환경적 요인은 어떤 것이 있는가?

    ① 다른 정비사들의 산만함   ② 낮은 조명 혹은 소음

    ③ 훈련 부족   ④ 개인의 역량 부족

해설 감각과 인지오류를 발생시키는 대표적인 요인은 시각적 요인 또는 청각적 요인이다. 따라서 시각적 · 청각적 인지를 방해하는 대표적인 환경적 요인은 조명과 소음이다.

214. 행거(hanger)에서 개인이 작업할 때 조명은 어떤 조건이 가장 이상적인가?

    ① 고정된 작업장 조명이면 된다.

    ② 형광등에 의해 비춰지면 된다.

    ③ LED 등에 의해 비춰지면 된다.

    ④ 개인의 업무를 비추기 위한 휴대용 조명을 추가하여 사용한다.

해설 212번 해설 참고

215. 체크리스트에 의해 작업을 수행할 때 올바른 방식은 어떤 것인가?

    ① 어떤 단계로 하든, 모든 단계가 완료되면 상관없다.

    ② 항목별, 순서대로 각 항목을 빠짐없이 수행한다.

    ③ 기억에 의해 수행한다.

    ④ 경험에 의해 수행한다.

정답 212. ②   213. ②   214. ④   215. ②

해설 체크리스트에 의해 작업을 수행할 때에는 체크리스트에 나와 있는 항목과 순서에 따라 모든 사항을 빠짐없이 수행해야 한다.

216. 항공정비사가 높은 곳에서 작업을 위해 작업대나 사다리에서 작업할 때, 다음 중 위험한 요인은 어떤 것인가?

① 발판이 나무로 만들어져 있다.

② 사다리가 미끄럽고 추락할 우려가 있다.

③ 두 명이 같은 작업대에서 정비를 수행하고 있다.

④ 겨울철 월동 준비로 사다리에 미끄럼 방지장치를 추가 설치하였다.

해설 위험요인 평가 시 작업장비와 절차를 확인해야 한다. 높은 곳에서 작업할 때, 작업 사다리의 정상 여부를 확인하면 위험요인을 줄일 수 있다.

217. 부품 교환 절차를 보려고 할 때 어떤 도서를 참고해야 하는가?

① AMM(Aircraft Maintenance Manual)

② IPC(Illustrated Parts Catalogue)

③ WDM(Wiring Diagram Manual)

④ AFM(Aircraft Flight Manual)

해설 항공기 정비작업 시 사용하는 매뉴얼 종류

- AMM(Aircraft Maintenance Manual) : 항공기 대상 모든 시스템 및 장비에 대하여 정비하는 데 직접적으로 이용되는 교범을 수록
- WDM(Wiring Diagram Manual) : 항공기 각 시스템에서 요구되는 전자 또는 전기 배선의 위치와 통과 지점 등을 표시한 배선도 등을 수록
- SRM(Structure Repair Manual) : 손상된 구조 부재의 허용 범위의 수리 자재, 수리 절차와 방법 등을 수록
- CMM(Component Maintenance Manual) : shop 작업자가 부품에 대한 정비작업 수행 시 필요한 절차 수록
- NTM(Non Destructive Test Manual) : 항공기 구조(structure) 또는 부품(component)의 장탈 또는 분해 없이 내시경 등을 이용하여 손상 여부를 검사하기 위한 매뉴얼(비파괴검사용)
- IPC(Illustrated Parts Catalog) : 항공사가 교환 가능한 항공기 부품을 식별, 신청할 수 있도록 각 부품에 대한 정보를 수록
- FRM(Fault Reporting Manual) : 운항승무원이 운항 중 발생한 결함(fault)에 대해 지상에 통보할 때 참고
- FIM(Fault Isolation Manual) : FRM에 의해 통보된 결함에 대해 정비사가 실제 고장 탐구에 이용할 수 있도록 필요한 정보 및 절차 명시

정답 216. ② 217. ①

218. 위험 평가를 할 때 유의해야 할 사항은 어떤 것인가?

   ① 안전모가 마모되어 있는지 살펴본다.

   ② 장비·절차가 잘못되어 있는지를 확인해야 한다.

   ③ 아무것도 고려하지 말아야 한다.

   ④ 경험이 많은 숙련자에게 의존한다.

해설 위험 평가를 실시할 때, 기본적으로 작업자가 사용하는 장비의 정상 작동 여부와 작업 절차가 올바른지를 확인해야 한다.

219. 다음 정시 점검 중 감항성을 유지하기 위한 점검은 어떤 것인가?

   ① A check   ② B check   ③ C check   ④ D check

해설 C check : 항공기의 감항성을 유지하는 기체 점검을 말하며, A check 및 B check의 점검사항을 포함하여 실시할 수 있다. 제한된 범위 내에서 구조 및 모든 계통의 검사, 계통 및 장비품의 작동 점검, 계획된 보기 부품의 교환, 서비스 등을 실시한다.

220. 업무를 보고하고 하달받을 때 가장 좋은 방법의 매체는 어떤 것인가?

   ① 수행한 일에 대해 글과 음성언어를 통한 복수의 의사소통

   ② 수행한 일을 글로 표현한 문서를 통한 의사소통

   ③ 수행한 일을 음성언어로 실시하는 의사소통

   ④ 수행한 일을 몸짓이나 수신호를 통해 실시하는 의사소통

해설 통상 항공기 정비에서 사용되는 의사소통 수단은 음성과 문서이다. 확실한 의사소통이 성립되기 위해서는 정보가 확실하게 전달되는 것과 동시에 전달하는 사람, 듣는 사람이 함께 이해하고 인식해야만 한다. 따라서 항상 함께 인식하고 이해하였는지 확인하는 피드백 과정이 매우 중요하다. 항공정비사에게 있어서 확실한 업무 내용 전달을 위해서는 문서에 의한 것이 가장 중요한 의사소통 수단이다. 또한, 업무 보고 및 하달 시 음성과 문서를 함께 사용하는 복수의 의사소통 방법이 가장 이상적이다. 이와 같이 의사소통은 어떠한 작업을 실시하더라도 중요한 인자이며, 의사소통의 부재 시 사고로 발전할 가능성이 매우 높아진다.

221. 항공정비사에게 가장 중요한 의사소통의 수단은 어떤 것인가?

   ① 글·문서   ② 몸짓   ③ 말·음성언어   ④ 수신호

해설 220번 해설 참고

정답 218. ②   219. ③   220. ①   221. ①

222. 의사소통을 실시할 때, 가장 중요한 사항은 어떤 것인가?

① feedback   ② 반복   ③ 기억   ④ 수신호

해설 220번 해설 참고

223. 항공기 사고의 원인 중 가장 큰 요인으로 알려진 것은 어떤 것인가?

① 의사소통의 부재   ② 절차 미준수

③ 강직된 조직문화   ④ 경험의 부족

해설 220번 해설 참고

224. 다음 중 팀 행동에 영향을 끼치는 요인이 아닌 것은?

① 책임감   ② 동기 부여

③ 관행 및 조직문화   ④ 권위에 대한 복종

해설 팀 행동에 영향을 끼치는 요인에는 책임감, 동기 부여, 관행, 조직문화 등이 있다.

225. 바람직한 팀 행동에 영향을 끼치는 것이 아닌 것은?

① 자기주장   ② 상황 인식

③ 리더십   ④ 자만심

해설 바람직한 팀 행동에 영향을 끼치는 대표적인 3가지 요인은 자기주장, 상황 인식, 리더십이다.

226. peer pressure란 무엇을 말하는가?

① 동조압력   ② 시간 압박

③ 스트레스 압박   ④ 고혈압

해설 동조압력(peer pressure) : 직장 등 어느 특정의 또래집단(peer group)에서 의사결정을 내릴 때 소수의 견을 가진 사람에게 암묵 중에 다수의견에 맞추도록 강제하는 것을 말한다.

227. 사회적인 집단 혹은 조직 내에 전형적인 행동양식이란 무엇인가?

① 조직문화   ② 관습

③ 윤리   ④ 규범

해설 관습(慣習)이란 어떤 사회에서 오랫동안 지켜 내려와 그 사회 구성원들이 널리 인정하는 질서나 풍습, 행동양식 등을 말한다. 관습은 사회규범 중 하나이다.

정답 222. ①   223. ①   224. ④   225. ④   226. ①   227. ②

228. 조직 구성원들이 목표 달성을 지향하도록 집단에 대하여 영향력을 미칠 수 있는 능력이란 무엇인가?

① 리더십   ② 팀워크   ③ 공조   ④ 동기 부여

해설 리더십 : '자신이 속한 그룹의 활동을 지도하고, 상호 조화를 이루며 구성원들에게 팀으로서 협력하여 일할 수 있도록 이끌어 가는 능력'을 말한다.

229. 바람직한 리더십이라고 할 수 없는 것은 어떤 것인가?

① 제안 대신 지시를 하라
② 작업자의 참여를 독려하라
③ 격려를 많이 하라
④ 작업자에게 피드백을 제공하라

해설 바람직한 리더십
- 팀 구성원에게 적절한 조언
- 팀 구성원을 존중하며 적극성(참여성) 유도
- 팀 구성원을 격려하며 지도
- 팀 구성원에게 피드백 제공

230. 항공정비사의 프로의식이라고 할 수 없는 것은?

① 작업에 대한 책임감
② 안전을 위해 규정을 준수
③ 정시성을 위해 불필요한 작업 생략
④ 매뉴얼을 비롯한 기술자료의 지속적인 업데이트

해설 제롬 레더러(Jerome Lederer)의 '항공정비사의 신조' 또는 김천용의 '항공정비사 10계명' 등은 항공정비사의 투철한 직업의식에 대해 강조하고 있다. 이에 따르면 항공정비사는 책임감을 가지고 규정을 준수하며, 매뉴얼에 따라 모든 작업을 수행해야 함을 알 수 있다.

231. MEDA(Maintenance Error Decision Aid)에서 CF(Contributing Factors)란 무엇인가?

① 실수   ② 기여요인   ③ 규정 위반   ④ 시스템 결함

해설 MEDA 에러 모델의 3단계
- 기여요인(contributing factors) → 실수(error) → 사건(event)
- 최근에는 실수라는 용어보다 '시스템 결함'이라는 용어로 통합하여 사용한다.

정답 228. ①   229. ①   230. ③   231. ②

232. HFACS(Human Factor Analysis Classification System)의 4개의 단계를 올바르게 나열한 것은 어떤 것인가?

① 불안전한 감독 → 불안전한 행위의 선행조건 → 조직의 영향 → 불안전한 행위

② 불안전한 행위의 선행조건 → 불안전한 감독 → 불안전한 행위 → 조직의 영향

③ 조직의 영향 → 불안전한 행위의 선행조건 → 불안전한 감독 → 불안전한 행위

④ 조직의 영향 → 불안전한 감독 → 불안전한 행위의 선행조건 → 불안전한 행위

해설 '인적요인 분석 및 분류 시스템'(HFACS : Human Factors Analysis and Classification System)은 사고의 인적 원인을 식별하고 예방훈련계획을 세우는 방법으로 분석도구를 제공하는 데 활용된다. 기존의 스위스 치즈 모델에서의 잠재적 실수와 실제적 실수를 한 HFACS는 '조직의 영향 → 불안전한 감독 → 불안전한 행위의 선행조건 → 불안전한 행위'의 4단계로 오류를 분류한다.

[국내문헌]

1. 대한민국 법제처 항공안전법.

2. 국토교통부, 항공정비사 표준교재 항공정비일반.

3. 김천용, 항공인적요인, 노드미디어.

4. 김칠영, 항공안전관리론, 한국항공대학교 출판부.

5. 김천용, 항공정비인적오류, 항공우주의학회지, 2010.

6. 윤용식, CRM 훈련 효과를 증진하기 위한 개선 방향, 17th 항공안전과 Human Factor 세미나.

7. 곽호진, 항공정비품질 안전관리, 17th 항공안전과 Human Factor 세미나.

8. 김천용, 항공정비분야의 인적오류 모델, 21st 항공안전과 Human Factor 세미나.

9. 권보헌, Practical Risk 측정방식 제안, 21st 항공안전과 Human Factor 세미나.

[국외문헌]

1. ICAO(International Civil Aviation Organization) Annex-1.

2. ICAO(International Civil Aviation Organization) Annex-6.

3. ICAO(International Civil Aviation Organization) Annex-13.

4. U.S. Department Advisory of Transportation, FAA(Federal Aviation Administration) Maintenance Human Factors Training Chapter 7 CRM.

5. U.S. Department Advisory of Transportation, FAA(Federal Aviation Administration) Maintenance Human Factors Training Chapter 16 MRM.

6. James Reason, *Human error: models and management*, BMJ: British Medical Journal, 2000.

7. CAA(UK Civil Aviation Authority), *Aviation Maintenance Human Factors*(EASA/JAR145 Approved Organisations), CAP 716.

8. William B. Johnson & Michael E. Maddox, *A Model to Explain Human Factors in Aviation Maintenance*, Aviation News, 2007.

9. Frank H. Hawkins, *Human Factors in Flight*, Taylor & Francis Ltd., 1987.

10. Heinrich, H.W., *Industrial Accident Prevention*, McGraw-Hill Book Company, 1959.

11. Jens Rasmussen, *Skills, Rules, and Knowledge; signals, signs, and symbols, and other distinctions in human performance models*, IEEE: Institute of Electrical and Electronics Engineers, 1983.

12. Thomas R. Waters, Vern Putz Anderson, Arun Garg, *Applications Manual for the Revised NIOSH Lifting Equation*, U.S. Department of Health and Human Services, 1994.

13. Richard Reinhart, *Basic Flight Physiology 3rd Edition*, McGraw Hill Professional, 1996.

14. E. Gurney Leavell, Hugh Rodman & Clark, *Preventive Medicine*, McGraw-Hill Book Company, 1953.

15. Scott A. Shappell, Douglas A. Wiegmann, *The Human Factors Analysis and Classification System–HFACS*, FAA, 2000.

16. *Maintenance Error Decision Aid(MEDA) Users Guide*, Boeing

17. 長町 三生, 安全管理者のために 人間工学, KAIBUNDO.

18. 航空機整備 ヒューマンファクターの基礎, 日本航空技術協会.

19. 黒田 勲, 航空機のヒューマンエラーから見た人間の特性と限界, 計測と制御 第35巻, 1996.

20. 橋本 那衛, 安全人間工学, 日本中央労働災害防止協会, 4th edition, 2004.

오이석

前, 육군항공 표준교관 조종사
前, 육군항공작전사령부 표준화 평가관, 시험비행 평가관, 항공기 사고조사위원
前, 육군항공 TADS 개발 · 정비 · 평가위원
前, 육군항공 전술시뮬레이터 개발 · 제작 · 시험 · 평가위원
前, NCS 항공전기전자 연구개발위원
前, 인하항공전문학교 교수, 학부장
前, 한국항공기술전문학교 교수
現, 여주대학교 항공정비학과 교수
現, 육군항공협회 이사
現, 한국항공우주기술협회 이사
現, 아세아항공전문학교 외래강사
現, 국가기술자격(항공) 실기시험 평가위원
現, 승리장교 · 조종 준사관 · 부사관, 기술군무원학원 상임고문

육군 항공학교 안전장교 과정 등 7개 과정 수료
공군 항공안전관리단 비행안전전문과정 등 3개 과정 수료

자격증
회전익 항공기 육상 다발 사업용 조종사
회전익 항공기 육상 단발 369D 기종한정 조종사, 교관 조종사
비행기, 헬리콥터 정비사 면허
항공교통안전관리자 면허
항공무선통신사 자격증
항공 운전 · 운송 3급 직업능력개발 훈련교사 자격증
항공기 설계 · 제작 3급 직업능력개발 훈련교사 자격증
항공기 정비 · 관리 3급 직업능력개발 훈련교사 자격증
통신서비스 3급 직업능력개발 훈련교사 자격증
자동차정비 3급 직업능력개발 훈련교사 자격증
전기공사 3급 직업능력개발 훈련교사 자격증

상 훈
대한민국 보국훈장 광복장 수상
대한민국 보국포장 수상
국군 위국헌신상 수상
경기도지사 표창 수상
국방부장관 표창 수상
합참의장 표창 수상
육군참모총장 표창 수상
육군항공작전사령관 표창 수상 등 장관급 표창 50여 회 수상

김성철

한국항공대학교 및 동 대학원 졸업
前, 한국항공대학교 실습조교, 강사
前, 인하항공전문학교 교수
現, 여주대학교 항공정비과 교수
現, 동원대학교 항공전자통신과 교수
항공종사자 자격증명(항공정비사)
중등학교 정교사 2급(기계 금속)
고용노동부 직업능력개발 훈련교사 3급(항공기 정비관리 외 8종)
국가기술자격(항공) 실기시험 평가위원
한국항공우주기술협회 정회원
국내외 프로젝트 참여 및 논문, 특허, 학술발표 대회 다수

홍성록

육군 3사관학교 20기 임관
고려대학교 대학원 경영학 석사
육군항공학교 교관
육군항공작전사령부 109항공대대 대대장
전남과학대학교 헬기정비과 초빙교수
한국에어텍 항공전문학교 외래교수

항공인적요인

2021. 12. 1. 초 판 1쇄 인쇄
2021. 12. 10. 초 판 1쇄 발행

지은이 │ 오이석, 김성철, 홍성록
펴낸이 │ 이종춘
펴낸곳 │ BM (주)도서출판 성안당

주소 │ 04032 서울시 마포구 양화로 127 첨단빌딩 3층(출판기획 R&D 센터)
     │ 10881 경기도 파주시 문발로 112 파주 출판 문화도시(제작 및 물류)

전화 │ 02) 3142-0036
     │ 031) 950-6300
팩스 │ 031) 955-0510
등록 │ 1973. 2. 1. 제406-2005-000046호
출판사 홈페이지 │ **www.cyber.co.kr**
ISBN │ 978-89-315-3384-2 (93550)
정가 │ **22,000원**

이 책을 만든 사람들
책임 │ 최옥현
진행 │ 이희영
교정 · 교열 │ 이희영, 김경희
본문 디자인 │ 유선영
표지 디자인 │ 오지성
홍보 │ 김계향, 이보람, 유미나, 서세원
국제부 │ 이선민, 조혜란, 권수경
마케팅 │ 구본철, 차정욱, 나진호, 이동후, 강호묵
마케팅 지원 │ 장상범, 박지연
제작 │ 김유석

www.cyber.co.kr ★★★
성안당 Web 사이트

HUMAN FACTORS
IN AIRCRAFT MAINTENANCE